U0033261

Matcha Dessert Recipe & Technique & Ganache & Sauce & Deco &Matcha Dessert Recipe & Technique &

Matcha Dessert Recipe & Technique & Ganache & Sauce & Deco &Matcha Dessert Recipe & Technique & Ganache & Sauce & Deco &Matcha Dessert Recipe & Technique & Ganache & Sauce & Deco &Matcha Dessert Recipe & Technique & Ganache & Sauce & Deco &Matcha Dessert Recipe & Technique & Ganache & Sauce & Deco &Matcha Dessert Recipe & Technique & Ganache & Sauce & Deco &Matcha Dessert Recipe & Technique & Ganache & Sauce & Deco &Matcha Dessert Recipe & Technique & Ganache & Sauce & Deco &Matcha Dessert Recipe & Technique & Ganache & Sauce & Deco &Matcha Dessert Recipe & Technique & Ganache & Sauce & Deco &Matcha Dessert Recipe & Technique & Ganache & Sauce & Deco &Matcha Dessert Recipe & Technique & Ganache & Sauce & Deco &Matcha Dessert Recipe & Technique & Ganache & Sauce & Deco &Matcha Dessert Recipe & Technique & Ganache & Sauce & Deco &Matcha Dessert Recipe & Technique & Ganache & Sauce & Deco &Matcha Dessert Recipe & Technique & Ganache & Sauce & Deco &Matcha Dessert Recipe & Technique & Ganache & Sauce & Deco &Matcha Dessert Recipe & Technique & Ganache & Sauce & Deco &Matcha Dessert Recipe & Technique & Ganache &Sauce & Deco &Matcha Dessert Recipe & Technique &

人人都喜歡的
抹茶風味點心

Cake, Mousse, Tart, Pie,
Cookie, Drink, Cold Dessert

開店販售、居家烘焙都適合的蛋糕、慕斯、
塔派、餅乾和飲品、涼點

金一鳴 著

朱雀文化

兼具美味與健康的
抹茶風味甜點

　　茶是中華文化中重要的一部分，陸羽的《茶經》就是茶文化最好的展現。12世紀時，日本僧人至中國修習佛法，之後一併將茶文化帶回日本，而後發展出自成一格的日本茶道，其中抹茶就是其代表性的茶品。過去茶象徵的是傳統、養生，但隨著現代人對健康愈加重視，來自日本的抹茶完全融入年輕世代，從咖啡館到甜點店，幾乎處處可見各式抹茶飲品、冰品和甜點、料理的蹤影。這個綠色超級食物甚至更化身成各種清潔、美髮和保養用品，由內而外照顧我們的生活。

　　抹茶具有多種豐富的營養素，當中最主要的有三種：其一是兒茶素，它是形成抹茶清爽苦澀味的主因，兒茶素可以燃燒體脂肪，是減重塑身的好成分；其二是茶胺酸，可以有效抑制血壓上升；其三則是維生素C，份量比其他茶類高出許多，可美白肌膚、抑制黑色素產生。由於抹茶是將茶葉直接磨碎，除了能保持茶葉完整的營養素，更具有豐富的膳食纖維，有助於腸胃消化系統。

　　抹茶有那麼多優點，除了茶飲，身為甜點師的我，很想製作各式抹茶風味的甜點、飲品，與讀者分享：因此在本書中，設計了「蛋糕・慕斯篇」、「塔・派・餅乾・小點心篇」以及「飲品・涼點篇」三大類食譜。配方中加入了不同比例的抹茶，讓口感與層次更豐富。

　　甜點搭配一杯好咖啡或好茶，讓人輕易能感受到生活中的小確幸，但總不免對健康與體重增加甜蜜的負擔，選用優質的食材能讓你享受甜點少負荷，何不從「抹茶」開始呢？相信加入了抹茶的手作點心和飲品、冰品，一定能兼具美味與健康。現在，就和我一起製作抹茶風味甜點吧！

金一鳴　2018年02月

人人都喜歡的
Content 抹茶風味點心
開店販售、居家烘焙都適合的蛋糕、慕斯、塔派、餅乾和飲品、涼點

序／兼具美味與健康的抹茶風味甜點 2

材料・工具篇
Ingredients • Utensils
材料Ingredients 8
抹茶粉／粉類／奶、蛋和乳酪類／糖類／巧克力類／酒類／配料類／水果類
工具Utensils 13
攪拌類／計量類／模型類／裝飾類／其他

蛋糕・慕斯篇Cake・Mousse
莓果芝心貝殼蛋糕Berry Jam Filled Matcha Madeleine 18
抹茶可麗露Matcha Canelé 20
抹茶草莓杯子蛋糕Matcha Strawberry Cupcakes 22
抹茶紅豆費南雪Matcha Azuki Bean Financier 25
碧綠天使蛋糕Matcha Angel Food Cake 28
抹茶白巧克力乳酪蛋糕Matcha White Chocolate Cheese Cake 30
青梅香檸磅蛋糕Matcha Pound Cake with Palm & Lemon Frosting 32
綠抹紅莓大理石蛋糕Berry & Matcha Marble Cake 36
抹茶鳳梨翻轉蛋糕Pineapple Upside-Down Matcha Cake 40
抹茶甘納許布朗尼Brownie with Matcha Ganache 42
豆腐優格抹茶慕斯Tofu Yogurt Matcha Mousse 45
芒果抹茶巧克力慕斯杯Matcha Chocolate Mousse with Mango 48
抹茶提那蜜斯Matcha Tiramisù 50
抹茶草莓慕斯Matcha Mousse Box with Fresh Strawberry 54
抹茶豆腐乳酪慕斯Matcha Tofu Cheese Mousse 58
抹茶香柚烤布蕾Matcha Grapefruit Flavour Crème Brûlée 60

塔·派·餅乾·小點心篇
Tart · Pie · Cookie · Dessert

洋梨抹茶塔Pear Matcha Tart 64

抹茶巧克力藍莓酥塔Matcha Chocolate Blueberry Tart 68

抹茶太妃堅果派Matcha Toffee Nut Pies 72

抹茶卡士達栗子派Matcha Chestnut Gâteau Basque 76

抹茶風味貓舌餅乾Matcha Flavour Langues de Chat 79

苦甜彎月餅乾BitterSweet Crescent Biscuits 82

抹茶手指餅乾Matcha Ladyfingers 84

抹茶雪球Matcha Melting Moments 86

抹茶蔓越莓燕麥餅乾Matcha Cranberry Oatmeal Biscuits 88

抹茶莓果蛋白餅Matcha & Berry Cream Filled Meringue 90

抹茶紅豆鬆餅Matcha Red Bean Pancakes 94

抹茶波蘿泡芙Crunchy Matcha Custard Puffs 96

抹茶水果沙巴翁盒Matcha Sabayon with Fruits 100

抹茶熱巧克力佐西班牙油條Matcha Hot Chocolate with Churros 102

飲品·涼點篇Drink · Cold Dessert

奇異果椰奶優格Kiwifruit Coconut Milk Yogurt 106

抹茶杏仁奶茶Matcha Almond Milk Tea 108

抹茶冰淇淋蘇打Matcha Ice Cream Soda 110

抹茶椰子凍薄荷薑茶Matcha Coconut Jelly Mint Ginger Tea 112

抹茶薄荷鳳梨冰砂Matcha Mint pineapple Smoothie 114

抹茶總匯聖代Matcha Sundae Club 116

三色丸子冰Ice Dango Dessert 118

抹茶豆漿奶酪Matcha Soy Milk Panna Cotta 120

抹茶梅酒覆盆莓凍Matcha Raspberry Plum Wine Jelly 122

材料・
工具篇

Ingredients · Utensils

製作書中美味的抹茶點心之前，你必須備好以下基本材料和工具。當中的工具都是常用的，可以運用在所有烘焙類點心，CP值很高。建議大家選擇操作順手的工具，方能事半功倍。

>材料Ingredients<

抹茶粉

I 認識抹茶

製作甜點和飲品、冰品時，常有許多人搞不清楚抹茶和綠茶的差別。根據日本茶業中央會的解釋，抹茶是指以覆蓋栽培的鮮茶葉，不經揉捻而直接乾燥製成的茶葉（碾茶、初製蒸青茶），經石磨碾磨成的細微粉末。必須符合以上嚴格的要求，才能稱作「抹茶」。抹茶粉加入熱開水中攪拌成抹茶湯，在日本茶道中飲用。此外，還用在甜點、抹茶飲料、冰品和料理等等。

II 抹茶的保存方法

抹茶接觸空氣易氧化，不喜光線、高溫與潮濕環境。開封後未用完的抹茶粉需以不透光密封，放入冰箱冷藏保存，盡量於2個月內使用完畢；未開封的抹茶則放於冷凍，保存期限更長久。

III 用抹茶製作甜點的3個注意事項

1 挑選適合的抹茶粉

飲用的抹茶有不同的等級，製作糕點時，若使用太高級的抹茶，甜點的苦味會不夠；若用廉價的抹茶，糕點的苦味過濃，因此適中品質與價位的抹茶粉較適合製作抹茶甜點。

2 秤量更精準

優質抹茶本身風味濃郁且價格不菲，因此在使用於糕點製作時，秤量必須更仔細精準，些許誤差，可能會造成糕點風味過濃或不足，所以更須依照配方中的份量精準秤量。

3 過篩後使用

抹茶粉易吸收空氣中的水氣而結塊，在調製茶品和製作糕點時，必須先以細篩網過篩，可避免在飲品或糕點中嘗到未溶解的粉塊。此外製作時若有其他粉類材料，可先和抹茶粉混合再一起過篩，效果更好。

IV 抹茶基本沖泡方式

一份美味甜點若能搭配一杯風味絕佳的抹茶，更能相得益彰。以下以沖泡薄茶為例，幾個簡單步驟讓你快速學會。

1 將熱水倒入杯碗中，把茶筅的穗頭放入其中浸泡一下（圖❶）。

2 取出茶筅，倒掉熱水，將杯碗擦乾。將1.5～2克抹茶粉（濃茶為5克）以小篩網篩入杯碗中（圖❷）。

3 加入70毫升滾水（圖❸）。

4 先慢慢攪拌使抹茶粉和滾水混合，再貼著杯碗底以前後移動的方式刷攪，將茶湯刷出氣泡（圖❹）。

5 將茶筅的穗頭慢慢在茶湯面移動，輕輕拿起，一杯薄茶完成囉（圖❺）！

圖❶

圖❷

圖❸

圖❹

圖❺

粉類

1.低筋麵粉：西式糕點使用的麵粉以低筋麵粉為主，成品的口感較鬆軟。

2.高筋麵粉：有些餅乾、派塔類為了增加脆硬口感，會加入高筋麵粉，而擀揉麵團時使用的手粉，則採鬆散不黏手的高筋麵粉。

3.杏仁粉：整顆杏仁磨碎而成，多用於歐式的糕點，除了增加堅果的風味，也多了糕點的顆粒口感。

奶、蛋和乳酪類

1.優格：是經過發酵的奶製品，原味的優格具有發酵酸味，和抹茶的微澀搭配出清新自然風。

2.動物性鮮奶油：不論是西式料理、巧克力餡料、甘納許、糕點慕斯都適合，挑選乳汁達40%以上為佳。

3.雞蛋：本書中的全蛋是指去殼後淨重約50克的雞蛋，若是分蛋，則是指蛋黃20克、蛋白30克，從冰箱冷藏取出的蛋較容易分開蛋黃蛋白，而使用時則以回復室溫狀態較佳。

4.鮮奶：選擇較少添加香精與調味的全脂牛奶，香濃滑潤的奶香溫和了抹茶的澀苦味。

5.奶油：通常西點中若無特別說明，則使用無鹽奶油。也可購買風味更佳的發酵無鹽奶油。

6.奶油乳酪（cream cheese）：乳酪也是經過發酵的奶製品，它濃厚的奶香加上略帶鹹香，搭配抹茶的草葉微澀別有風味。

糖類

1.紅糖：甜度比細砂糖低，屬於未精煉的蔗糖，保持了蔗糖的天然焦香風味。

2.細砂糖：糕點製作一般以白色細砂糖為主，顆粒小、易溶解，很適合用來製作糕點。

3.黃砂糖：一般說的二砂，焦糖色澤、顆粒較粗，具有甘蔗的甜和香氣。

4.糖粉：粉末狀的白糖，除了是糕點材料，也能用在裝飾或製作糖霜。

5.蜂蜜：液體糖，可以輕易和其他材料融合，增添糕點特殊風味。

巧克力類

1.白巧克力：是由20～35%的可可脂、糖、乳化劑和乳製品組成，因為完全沒有可可固形物，當然沒有可可風味，反而具有香濃的煉乳味，因為只有單純的奶香所以最適合搭配襯托抹茶的風味。

2.黑巧克力：由主材料（可可膏、可可脂）和副材料（糖、乳化劑或香草）組成，依據可可成分不同，分成可可佔約50～60%的苦甜或半甜，到60%以上的苦味和70%以上的特苦巧克力；可可含量越高，風味越濃郁，但和抹茶搭配時份量與比例需更加謹慎，避免過濃的可可風味壓過抹茶。

3.牛奶巧克力：將脫脂或全脂奶製品加入巧克力，讓可可含量保持在25～38%，奶製品的加入讓巧克力的風味溫和，也因此更適合搭配抹茶，既保有可可風味又不會過濃搶過抹茶風味。

酒類

1.梅酒：同樣出自日系的酒適合嘗試搭配，而帶些酸味與果香的梅酒更是不錯的選擇。

2.橙酒：柑橘系不若檸檬的酸來得振奮，但它的清新香氣卻更適合與抹茶相配。

配料類

1.紅豆：紅豆的甜蜜豆香和抹茶的微苦澀草香絕配程度無他可及，使得各種抹茶紅豆口味的甜點所向披靡，所愛者更是講究不同種類、產地的紅豆。

2.栗子：同樣是日式甜點中另一個主角，和抹茶的相配度也很好，但也只能排在紅豆之後，屈居第二名吧！

水果類

1.檸檬：檸檬汁的酸味較不易被抹茶駕馭，所以要更謹慎控制使用量，反倒是清新的檸檬皮更易與抹茶融合。

2.覆盆莓：紅豔的覆盆莓在顏色上與抹茶是很討喜的組合，但酸味的使用和檸檬一樣要謹慎。

3.藍莓：微酸甜的藍莓也是搭配抹茶不錯的選擇。

4.草莓：味道更溫和芬芳的草莓在與抹茶搭配時，反而要控制抹茶的份量不要凌駕了草莓香，也可增加些酸甜加入草莓中。

5.西洋梨：同樣典雅的梨香和抹茶反而有種和諧相伴的契合。

6.葡萄柚：略帶苦味的葡萄柚和抹茶的苦混搭時，反而形成多層次的苦味奏鳴曲。

7.柑橘：柑橘系不若檸檬的酸來得振奮，它的清新香氣卻更適合與抹茶相配。

>工具Utensils<

攪拌類

1.攪拌刮刀：用於攪拌混合不同材料，若是耐熱的橡膠材質，既可拌煮也方便攪拌混合。

2.手持攪拌器：可快速打發雞蛋、鮮奶油等液態材料，或是拌打起司、奶油等固態材料，可選擇手持較大功率或桌上型攪拌器。

3.均質機：具有多種複合功能，除了可將食材打碎或打成泥狀，也可將奶油或乳酪打軟打發，換上打蛋鋼圈頭也可打發雞蛋與鮮奶油。

4.打蛋器：打發混合雞蛋、鮮奶油等材料，鋼圈較多的效果較佳。

5.木匙：用於拌煮食材醬料，或是攪拌混合較硬的食材。

6.抹茶茶筅：是日本茶道中調泡抹茶必備的工具，由一精細切割而成的竹塊製作而成，用以攪擊抹茶粉和熱水使茶湯生成泡沫。

7.抹茶小勺：好品質的抹茶少量即茶香十足，因此多以竹或陶、木製小勺取茶粉。

計量類

1.秤：可依平常製作份量準備至少10克到1,000克的秤，若製作份量較大可準備3～5公斤的秤。

2.量杯：有金屬、玻璃、塑膠等材質，刻度精準、材質耐用、好清潔即可。

3.量匙：基本分為1小匙（或茶匙、tea spoon）和1大匙（table spoon），1大匙約為3小匙份量，1小匙水為5毫升或約5克。也可準備1/2～1/8小匙更少量的量匙。

4.電子秤：可秤重1克～數公斤，更為靈敏與適合微量的食材，是製作糕點時值得投資購買的工具。

模型類

1.杯子蛋糕模：可搭配薄紙杯使用，或直接塗奶油沾麵粉在模型內側。除了杯子蛋糕，也可用於製作其他類型的小糕點、布丁奶酪。

2.慕斯圈：製作慕斯時方便脫模，也適合起司蛋糕使用。

3.中塔模：中型塔派類糕點使用。

4.小塔模：小型塔派類糕點使用。

5.正方形蛋糕模：適合製作整盤的麵糊類蛋糕，特別是布朗尼等重奶油蛋糕。

6.費南雪蛋糕模：長方淺薄的造型，專門用於費南雪蛋糕等麵糊流動性較佳的蛋糕。

7.長型磅蛋糕模：適合重奶油麵糊類的磅蛋糕。

8.6吋活動不沾蛋糕模：非固定式的模型底部與不沾材質更方便蛋糕脫模。

9.6吋中空戚風模：特殊的中空造型讓蛋糕受熱更快速平均，也避免蛋糕烘烤時中央過度隆起，除了戚風蛋糕也適合其他麵糊類蛋糕。

10.6吋活動塔模：非固定式的模型底部更方便塔派脫模。

11.中空圓形小蛋糕模：特殊的中空造型讓蛋糕受熱更快速平均，也避免蛋糕烘烤時中央過度隆起，除了戚風蛋糕也適合其他麵糊類蛋糕。

裝飾類

1.小篩網：用於過篩少量乾性粉類或濕性液體材料，方便用於糕點表面撒上裝飾粉類。

2.擠花嘴：使用於不同造型的麵糊或打發食材，搭配擠花袋使用。

3.擠花袋：將花嘴裝入擠花袋前端開口，然後裝填奶油或麵糊等擠出。

4.抹刀、Y形抹刀：用於抹平融化巧克力、打發鮮奶油或麵糊表面，可準備一般直抹刀與Y形抹刀各一。

其他

1.篩網：用於過篩乾性粉類或濕性液體材料，過篩後均勻細緻，乾粉更加蓬鬆，混合濕性材料不易結塊，而濕性液體材料質地也更加滑順。

2.大理石板：表面較涼爽的大理石板，可提供巧克力和糕點麵團操作的工作檯面。

3.塑膠刮板：有塑膠與金屬材質，除了抹平功用，也可用來分切麵團。有弧度切口的塑膠刮板，則適合刮除攪拌缸盆的麵糊麵團。

4.金屬切麵刀：與塑膠刮板一樣，具有抹平麵糊、分切麵團的功能。有弧度切口的切麵刀，可以用來刮鋼盆的麵團，減少麵團的耗損。

5.擀麵棍：用於延展麵團成平均厚薄的麵皮，實木的擀麵棍重量適中也好操作，尺寸以40～50公分長、直徑5～8公分為佳。

6.深烤盤：準備適合家中烤箱的長方形烤盤，可準備深淺烤盤各一，深烤盤除了適合烤份量較厚的糕點麵包，也方便使用於隔水烤焙。

7.耐熱烤墊：矽膠材質的耐熱烤盤墊，使用功能等同烤焙紙，但可重複使用。

8.烤焙紙：可用於防止麵糊、麵皮沾黏烤盤、模型。

9.烤盤：同深烤盤，適合烤焙份量較淺薄的糕點。

蛋糕・慕斯篇

Cake・Mousse

抹茶以其獨特的風味和色澤在烘焙界異軍突起，
無論融合在哪樣甜點裡，都是那麼恰如其分、
充滿吸引力。想製作一個充滿綠色魅力的
抹茶蛋糕、慕斯嗎？
這兒有最理想的選擇。

莓果芝心貝殼蛋糕

貝殼蛋糕也叫作瑪德蓮，外形玲瓏小巧，飄散著淡
淡檸檬香。自由發揮創意加入抹茶和果醬，簡單的
小點心質感就升級了。

Berry Jam Filled
Matcha Madeleine

蛋糕體

莓果醬

份量　貝殼模型9個
溫度與時間　上下火200℃，20分鐘
難易度　★簡單，新手操作也OK

材料 Ingredients

蛋糕

無鹽奶油	60克
細砂糖	45克
檸檬皮屑	1/2大匙
低筋麵粉	40克
抹茶粉	1.5小匙
泡打粉	1/4小匙
蛋白	60克（約2個）
市售莓果醬	約5小匙

裝飾

糖粉適量

Chef Tips!
小提醒

做法 **1** 中塗油後撒麵粉，可先將麵粉放入手粉罐（例如有細孔的胡椒粉罐）再撒出，可以撒得較均勻，桌面可保持清潔。

做法 How To Do

製作蛋糕Cake

1 貝殼蛋糕模型塗一層薄薄的軟化奶油後撒入麵粉，再倒扣出多餘的麵粉，若是用矽膠不沾膜只需擦油，放冷藏備用。

2 奶油放入鍋中加熱融化備用。檸檬皮屑加入細砂糖中搓揉混合，讓檸檬皮香味釋放。

3 低筋麵粉、抹茶粉、泡打粉混合過篩放入攪拌盆中，加入檸檬皮屑、細砂糖拌勻，再將蛋白、融化奶油依序加入攪拌均勻。

4 將麵糊裝填入擠花袋，先擠約1/3量的麵糊在模型中，放入約1/2小匙的莓果醬，接著再擠入麵糊至模型的8分滿。

5 放入預熱200℃的烤箱烤約20分鐘，或蛋糕周邊焦黃、中央鼓起、輕壓有彈性即表示已熟。

裝飾Deco

6 出爐後撒上糖粉，倒扣脫模後放涼即可。

Matcha Canelé

可麗露深褐色的外層焦香脆韌，內裡的質
地卻相當軟Q，香濃的雞蛋牛奶以抹茶調
味，甜而不膩讓人充滿幸福感。

抹茶可麗露

外皮

內部

材料 Ingredients

可麗露

牛奶	500 c.c.
香草莢	1/2支
全蛋	100克（約2個）
蛋黃	20克（約1個）
細砂糖	180克
奶油	20克
蘭姆酒	30 c.c.
低筋麵粉	100克
抹茶粉	10克（約2大匙）

其他

無鹽奶油	適量
低筋麵粉	適量

Chef Tips! 小提醒

可麗露的模型以金屬為佳，特別是銅的材質導熱效果更好，可讓可麗露的外皮更焦脆，傳統上會以蜂蠟塗抹模型，若能取得蜂蠟以小火融化後加入等量的堅果植物油，再塗刷上從烤箱取出溫熱的模型中，不需撒粉，稍涼後同樣放冷藏備用。

做法 How To Do

1 取小刀將香草莢縱向剖開，以刀尖刮取出香草籽，將香草籽和豆莢放入牛奶中，以中小火加熱，沸騰前熄火，加蓋，燜約1小時讓香草味道釋放。

2 全蛋、蛋黃和細砂糖攪拌均勻，再加入融化奶油與蘭姆酒拌勻。

3 最後加入一起過篩的低筋麵粉與抹茶粉，混合均勻，將麵糊密封放入冷藏24小時備用，麵糊於冷藏保存可達3天。

4 隔天取可麗露銅模，塗抹融化奶油（圖❶）、撒粉（圖❷），再倒扣出多餘的粉，然後放回冷藏備用，將麵糊取出攪拌均勻，倒入甫自冰箱取出的銅模約8分滿，立刻送入預熱200℃的烤箱，烤約1小時或表面烤至焦褐色（圖❸），取出脫模放涼（圖❹）即可。

圖❶

圖❷

圖❸

圖❹

Matcha Strawberry Cupcakes

紙杯裝的杯子蛋糕，最適合野餐了。
天氣好的時候，可以坐在郊外的草地
上，鋪著餐巾，曬著太陽，享用可口
又浪漫的草莓小蛋糕唷！

抹茶草莓杯子蛋糕

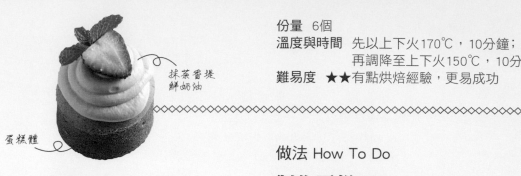

抹茶香堤
鮮奶油

蛋糕體

份量　6個
溫度與時間　先以上下火170℃，10分鐘；
　　　　　　再調降至上下火150℃，10分鐘
難易度　★★有點烘焙經驗，更易成功

材料 Ingredients

蛋糕

沙拉油	60克
低筋麵粉	60克
抹茶粉	10克（約2大匙）
蛋黃	80克（約4個）
牛奶	60c.c.
蛋白	120克（約4個）
細砂糖	60克

抹茶香堤鮮奶油

白巧克力	45克
抹茶粉	1/2小匙
動物性鮮奶油	150克

裝飾

新鮮中型草莓	4顆
糖粉	1小匙
檸檬汁	1/2小匙
水果酒	1小匙

Chef Tips!
小提醒

1. 做法**3**中的溼性發泡，是指以攪拌棒拉起蛋白霜，盆中或攪拌頭的蛋白霜尾端會下垂、彎曲。
2. 做法**6**中6～7分發的鮮奶油，是呈融化冰淇淋的質感，已具有稠度，但提起攪拌器時，攪拌頭的鮮奶油和盆中拉起的勾狀尖端都會下垂。

做法 How To Do

製作蛋糕Cake

1 沙拉油加熱至產生油紋熄火，低筋麵粉和抹茶粉一起過篩後加入沙拉油拌勻。

2 蛋黃和牛奶混合均勻，加入做法1中拌勻備用。

3 蛋白放入攪拌缸中，先打出粗大泡沫，分次加入細砂糖，以高速拌打至6分發，再轉中速打至7分發（溼性發泡）（圖❶）。

4 最後將打發蛋白分3次加入做法2輕柔拌勻。將麵糊倒入馬芬紙杯約9分滿，再將紙杯排放於較深的耐烤容器，把容器置於深烤盤中，加水於烤盤約1公分高，送入預熱170℃的烤箱烤約10分鐘，再將溫度調降150℃續烤10分鐘，或以竹籤插入不沾麵糊即可。

製作抹茶香堤鮮奶油
Matcha Crème Chantilly

5 白巧克力切碎，隔水加熱融化，抹茶粉直接過篩加入拌勻。

6 鮮奶油打至6～7分發後（圖❷），和抹茶白巧克力混合均勻即可。

圖❶

圖❷

組合Mix

7 將草莓略切後加入少許糖粉、檸檬汁和水果酒，混合略醃漬後取出草莓，保留醃漬糖酒液（圖❸）。

8 以小刀將杯子蛋糕頂端挖出一個半球洞（圖❹），以刷子沾糖酒液，沾溼洞口蛋糕（圖❺）。

9 將抹茶香堤鮮奶油填裝入已放菊形花嘴的擠花袋中，先擠少許鮮奶油於蛋糕洞中（圖❻），放入些漬草莓後（圖❼），再擠滿抹茶香堤鮮奶油如霜淇淋形狀（圖❽），頂端放上半顆新鮮草莓裝飾。

抹茶紅豆費南雪

費南雪也叫作金磚蛋糕，是一種以杏仁粉、麵粉和焦香奶油為基底的法式小蛋糕，口感酥軟溼潤，加進抹茶紅豆別具日式洋菓子風。

Matcha Azuki Bean Financier

做法在下一頁

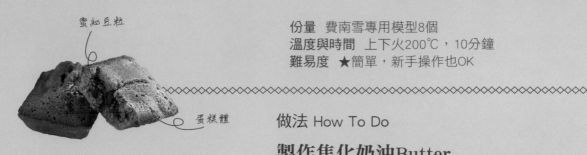
蜜紅豆粒

蛋糕體

份量 費南雪專用模型8個
溫度與時間 上下火200℃，10分鐘
難易度 ★簡單，新手操作也OK

材料 Ingredients

費南雪

無鹽奶油	50克
糖粉	70克
杏仁粉	35克
低筋麵粉	35克
抹茶粉 3.3克（約2小匙）	
泡打粉	1/8小匙
鹽	1/4小匙
蛋白 90克（約3個）	
蜂蜜	1小匙
蜜紅豆粒	60克

其他

無鹽奶油	適量
低筋麵粉	適量

Chef Tips!
小提醒

攪拌好的費南雪麵糊可密封放冷藏
一晚，隔天再使用，烤焙風味口感
更佳。麵糊可保存於冷藏2~3天，烤
好的成品可於室溫保存3～5天。

做法 How To Do

製作焦化奶油Butter

1 奶油放入厚底醬汁鍋，以中火加熱，直到融化開始大量冒泡（圖❶）。

2 繼續煮2～3分鐘，奶油開始消泡，其中的固形物開始形成小顆粒（圖❷）。

3 續煮1～2分鐘後顆粒轉成琥珀色，附著沈澱於鍋壁與鍋底（圖❸）。

4 當顆粒轉成焦褐色立刻離火，將煮鍋浸於冷水中降溫，避免繼續焦化，當溫度稍降，置旁備用（圖❹）。

製作蛋糕Cake

5 過篩後的糖粉和杏仁粉先混合，然後再加入過篩的低筋麵粉、抹茶粉、泡打粉和鹽混合均勻。

6 將蛋白分次加入拌勻後，加入焦化奶油、蜂蜜繼續攪拌至麵糊均勻光滑，再加入蜜紅豆粒混合均勻即可。

7 在模型內塗抹一層薄薄的軟化奶油，再撒入麵粉，倒扣出多餘的麵粉；若使用矽膠不沾模型，仍可塗上一層奶油，增加蛋糕外表焦香口感。

8 將麵糊以擠花袋或湯匙倒入模型約8分滿，放入預熱200℃的烤箱，烤約10分鐘或至蛋糕表面焦黃，取出稍放涼後脫模。

圖❶

圖❷

圖❸

圖❹

只用蛋白不用蛋黃製作的天使蛋糕，清爽不油膩，
加入抹茶調色調味，使單純的白蛋糕煥發新光彩，
澆上酸酸的優格更讓健康加分。

碧綠天使蛋糕

Matcha Angel Food Cake

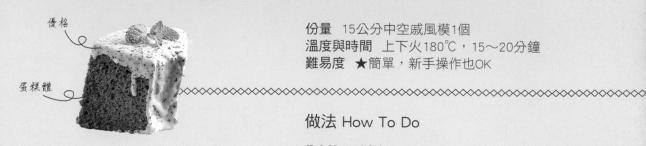

優格

蛋糕體

份量　15公分中空戚風模1個
溫度與時間　上下火180℃，15～20分鐘
難易度　★簡單，新手操作也OK

材料 Ingredients

蛋糕

低筋麵粉	60克
抹茶粉	2小匙
蛋白	240克（約8個）
塔塔粉	1/2小匙
細砂糖	80克
鹽	1/4小匙
無糖優格	100克

裝飾

抹茶粉	適量
薄荷葉	適量

Chef Tips! 小提醒

蛋白的打發程度適當與否是關鍵，若打過發、過硬，則蛋糕烤焙時會膨脹更大，但出爐後也會收縮更多；相反的，若打發不夠、過軟，則蛋糕膨脹支撐力不夠，容易塌陷。

做法 How To Do

製作蛋糕Cake

1 低筋麵粉和抹茶粉混合過篩備用。

2 蛋白和塔塔粉放入攪拌缸中，先打出粗大泡沫（圖❶），分次加入細砂糖，以高速拌打至6分發，再轉中速打至7分發（溼性發泡）（圖❷）。

3 將做法1的粉類加入打發蛋白中（圖❸），以橡皮刮刀輕柔攪拌均勻（圖❹），勿過度攪拌。

4 將麵糊倒入模型後（圖❺），輕扣模型底部於桌面2～3下，震出麵糊裡的大泡泡（圖❻），放入預熱180℃烤箱烤約15～20分鐘，或以竹籤插入不沾麵糊即可（圖❼），出爐後倒扣放涼再脫模。

組合＆裝飾Mix & Deco

5 取適量優格塗抹在蛋糕上，撒上抹茶粉，裝飾薄荷葉。

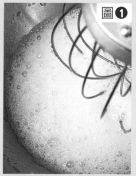
圖❶

圖❷

圖❸

圖❹

圖❺

圖❻

圖❼

Matcha White Chocolate Cheese Cake

抹茶白巧克力乳酪蛋糕

清新、柔滑、優雅的抹茶乳酪蛋糕，
特別適合在下著雨的午後，一邊欣賞
著窗外綠意，一邊品嚐；再沏上一壺
熱茶，更加愜意。

抹茶粉、糖粉

蛋糕體

材料 Ingredients

蛋糕

調溫白巧克力	120克
奶油乳酪	160克
蛋黃	80克（約4個）
抹茶粉	1大匙（約5克）
蛋白	120克（約4個）
6吋抹茶或香草蛋糕	1片
	（約1公分厚）

裝飾

抹茶粉	適量
糖粉	適量

Chef Tips!
小提醒

1. 抹茶蛋糕的做法可參考P28。
2. 想製作出綿密口感的乳酪蛋糕，第一步驟的乳酪攪拌過程特別重要。可先將乳酪取出置於室溫放軟，會較容易攪拌，以慢速將乳酪攪拌柔滑均勻後，再加入其他材料依序拌勻。

份量　6吋慕斯圈1個
溫度與時間　上下火160℃，40分鐘
難易度　★★有點烘焙經驗，更易成功

做法 How To Do

準備模型Mousse Ring

1 取2張錫箔紙將6吋慕斯圈底部與側邊都包覆，慕斯圈內側塗軟化奶油（份量外）後，再裁剪烤焙紙，貼黏在慕斯圈內側一圈，高度約慕斯圈的1.5倍高。

製作麵糊Batter

2 白巧克力切碎，隔水加熱融化後，置旁放涼至室溫備用。

3 奶油乳酪（cream cheese）攪拌至鬆軟，分次將蛋黃加入拌勻。

4 抹茶粉直接過篩於白巧克力上混合均勻，再加入乳酪糊攪拌均勻。

5 蛋白打發至溼性發泡即可，分3次加入做法4攪拌均勻，輕柔混合以免蛋白消泡。

水浴烘烤Water Bath

6 將準備好的模型放於深烤盤中，再放蛋糕片於模型底部後，倒入麵糊，表面稍抹平，將烤盤稍提起輕扣桌面2～3次，幫助麵糊中的大氣泡震出。

7 倒入適量冷水於烤盤中約1公分高度，小心將烤盤移入預熱160℃的烤箱烤約40分鐘，或至表皮焦黃，輕拍中央處稍有彈性。可將烤爐溫度歸零打開爐門，讓乳酪蛋糕繼續留在爐內30多分鐘，如此可避免蛋糕表面因出爐溫度驟降而裂開。

8 出爐稍涼後將蛋糕移出烤盤，小心取開慕斯圈繼續放涼，待降為室溫時放進冷藏3～4小時，冰鎮後取出，去除烤焙紙及錫箔紙。

裝飾Deco

9 表面可撒些抹茶粉、糖粉裝飾。

青梅香檸磅蛋糕

磅蛋糕裡加入抹茶、青梅果肉和檸檬，瞬間讓厚實的奶油口味輕盈起來，更別提淋上酸酸甜甜酒香四溢的糖霜醬汁，簡直無法抵抗啊！

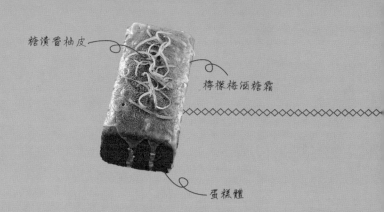

糖漬香柚皮

檸檬梅酒糖霜

蛋糕體

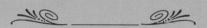

份量　18×9×7公分模型1個
時間　上下火170℃，35分鐘（分兩段烤）
難易度　★簡單，新手操作也OK

材料 Ingredients

蛋糕
無鹽奶油	150克
細砂糖	120克
全蛋	150克（約3個）
低筋麵粉	140克
抹茶粉	10克（約2大匙）
泡打粉	小匙
檸檬汁	20 c.c.
梅酒	20 c.c.
檸檬皮屑	1/2個
青梅果肉碎	60克

檸檬梅酒糖霜
檸檬汁	20 c.c.
梅酒	20 c.c.
糖粉	120克

裝飾
抹茶粉	適量
糖漬香柚皮	適量

下一頁還有做法

圖❶

圖❷

圖❸

圖❹

做法 How To Do

製作蛋糕Cake

1 奶油從冷藏取出,切成小塊,放入盆中等待軟化(圖❶)。

2 奶油軟化後,加入細砂糖拌打至顏色變白、變淡,質感柔軟的鬆發狀態(圖❷)。

3 將蛋打散,分次加入做法**2**中拌勻(圖❸、圖❹)。

4 低筋麵粉、抹茶粉、泡打粉混合過篩後,加入做法3中拌勻。

5 最後加入檸檬汁、梅酒、檸檬皮屑、青梅果肉拌勻,即成麵糊。

6 在模型內塗抹一層薄薄的軟化奶油,再撒入麵粉,倒扣出多餘的麵粉。將麵糊倒入模型或是墊上烤焙紙的模型中,表面抹平,送入預熱170℃的烤箱,烤約20分鐘,當蛋糕表面開始結皮時,取出以小刀在表面中央輕劃出一條線,再回爐續烤15分鐘或至蛋糕表面金黃,以竹籤刺入中心不沾黏即可。

7 取出蛋糕放涼。

製作檸檬梅酒糖霜
Lemon Japanese Apricot Wine Icing

8 將檸檬汁、梅酒、糖粉攪拌均勻成糖霜即可。

9 將檸檬梅酒糖霜淋在蛋糕表面。

裝飾Deco

10 撒上些許抹茶粉、切粗絲的糖漬香柚皮即可。

Chef Tips! 小提醒

1. 泡打粉可省略不加,因奶油打發與蛋就足夠撐起蛋糕結構。
2. 麵糊裝模型抹平後,也可先擠一條奶油於麵糊中央上,和稍烤後以小刀輕劃開有同樣讓蛋糕膨起較美觀的功用。
3. 糖漬香柚皮做法參考P61。

綠抹紅莓大理石蛋糕

別再羨慕玻璃櫥櫃裡的漂亮蛋糕，只要準備覆
盆莓莓與抹茶兩種麵糊，跟著步驟圖step by
step，做出紅綠相間的大理石蛋糕不是夢！

Berry & Matcha
Marble Cake

36

抹茶巧克力
淋醬

蛋糕體

份量　直徑15公分的咕咕霍夫模1個
溫度與時間　上下火180℃，25〜30分鐘
難易度　★★有點烘焙經驗，更易成功

材料 Ingredients

莓果麵糊

覆盆莓果泥	60克
無鹽奶油	95克
砂糖	60克
全蛋	95克（約2個少一點）
蜂蜜	20克
低筋麵粉	45克
泡打粉	2克
杏仁粉	30克

抹茶麵糊

無鹽奶油	95克
細砂糖	60克
全蛋	95克（約2個少一點）
蜂蜜	20克
無糖優格	60克
低筋麵粉	45克
抹茶粉	1小匙
泡打粉	2克
杏仁粉	30克

抹茶巧克力淋醬

白巧克力	80克
抹茶粉	3.3克（約2小匙）
溫開水	30c.c.
糖粉	60克
動物性鮮奶油	30克

做法 How To Do

製作莓果麵糊Raspberry Batter

1 將果泥放入鍋中以小火煮融，置旁放涼備用。

2 奶油軟化後，加入細砂糖拌打至顏色變白、變淡，質感柔軟的鬆發狀態，將蛋與蜂蜜分次加入拌勻（圖❶）。

3 加入莓果泥混合均勻，接著將一起過篩的低筋麵粉、泡打粉和杏仁粉混合後也加入拌勻，即成莓果麵糊（圖❷）。

製作抹茶麵糊Matcha Batter

4 做法如同莓果麵糊，以優格取代果泥加入混合均勻，接著將一起過篩的粉類混合，加入拌勻即可（圖❸）。

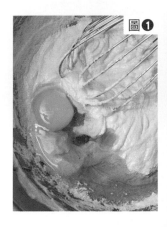
圖❶

圖❷

圖❸

Chef
Tips!
小提醒

1. 做法**5**中，在模型內塗抹一層薄薄的軟化奶油，再撒入麵粉，倒扣出多餘的麵粉，然後才放入麵糊。
2. 酸性的莓果泥和打發奶油攪拌時，容易造成油水分離，奶油變花，只要加入麵粉後即可改善此情況。

下一頁還有做法

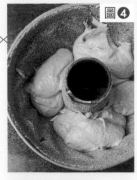

完成蛋糕麵糊Cake Batter

5 取部分抹茶麵糊放入塗油、撒粉的模型中（圖❹），放入部分莓果麵糊（圖❺），如此交錯將所有麵糊放入（圖❻），再以筷子或刀子插入麵糊中，繞圈製造出大理石的紋路（圖❼）。

烘烤Bake

6 送入預熱180℃烤箱烤約25～30分鐘，或烤至竹籤刺入不沾黏麵糊（圖❽）即可出爐，放涼脫模。

製作抹茶巧克力淋醬
Matcha Chocolate Glaze

7 白巧克力切碎（圖❾）隔水加熱融化（圖❿）。

8 抹茶粉加入溫開水中攪拌均勻（圖⓫），和過篩的糖粉加入巧克力攪拌至糖粉融化（圖⓬）。

9 鮮奶油以小火煮開後也加入做法**8**（圖⓭）攪拌均勻即可（圖⓮）。

組合Mix

10 最後將抹茶巧克力淋醬淋在蛋糕表面即可（圖⓯）。

抹茶鳳梨翻轉蛋糕

清新抹茶與濃郁黑糖融合的味道你試
過嗎？若再加上鳳梨的熱帶水果甜香
與蘭姆酒香……那將是多麼豐富的嗅
覺與味覺盛筵。

黑糖鳳梨

蛋糕體

材料 Ingredients

黑糖鳳梨

無鹽奶油	50克
黑糖	80克
蘭姆酒	20 c.c.
鳳梨果肉	500克

蛋糕

無鹽奶油	150克
細砂糖	80克
黑糖	40克
全蛋	150克（約3個）
低筋麵粉	150克
抹茶粉	5克（約1大匙）

Chef Tips!
小提醒

以黑糖取代傳統以砂糖煮焦糖的做法是我的偷懶版，一樣可以有焦糖般的色澤，而且黑糖特殊的味道搭配抹茶也有不同的風味。

做法 How To Do

製作黑糖鳳梨
Brown Sugar Pineapple

1 奶油放入鍋中加熱融化，加入黑糖、蘭姆酒煮至糖融。

2 鳳梨果肉可隨喜好切片或塊，加入糖液中拌煮數分鐘至鳳梨稍軟。

3 取出鳳梨果肉，將湯汁留在鍋內，以小火續煮至湯汁收乾濃稠即可。

製作蛋糕Cake

4 奶油軟化後，加入細砂糖先打發，再加入黑糖攪拌均勻。

5 將蛋打散，分次加入做法4拌勻，再加入混合過篩的低筋麵粉與抹茶粉攪拌均勻即可。

6 準備固定式的圓蛋糕模型（若使用活動式的模型，可取錫箔紙鋪墊在整個模型的內部），塗軟化奶油（份量外），先將鳳梨排放在模型底部（圖❶），再淋上湯汁（圖❷）。

7 將麵糊倒在鳳梨上（圖❸），抹平（圖❹），放入預熱180℃烤箱烤約20〜30分鐘，或以竹籤插入不沾麵糊即可，取出放稍涼後，小心倒扣於盤上即可。

圖❶

圖❷

圖❸

圖❹

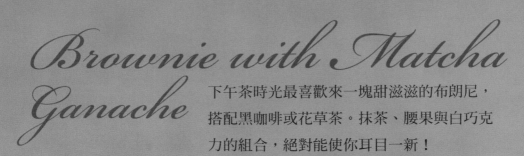

Brownie with Matcha Ganache

下午茶時光最喜歡來一塊甜滋滋的布朗尼，
搭配黑咖啡或花草茶。抹茶、腰果與白巧克
力的組合，絕對能使你耳目一新！

抹茶甘納許布朗尼

抹茶甘納許

蛋糕體

份量　20×20公分正方模型1個
溫度與時間　上下火180℃，30分鐘
難易度　★★有點烘焙經驗，更易成功

材料 Ingredients

蛋糕

白巧克力	150克
無鹽奶油	115克
全蛋	100克（約2個）
細砂糖	75克
海鹽	1小撮
低筋麵粉	140克
抹茶粉	10克（約2大匙）
泡打粉	1/2小匙
牛奶巧克力	120克
熟腰果	120克

抹茶甘納許

白巧克力	200克
抹茶粉	15克（約3大匙）
動物性鮮奶油	200克
轉化糖漿	20克
無鹽奶油	40克

做法 How To Do

製作蛋糕Cake

1 白巧克力切碎，奶油切塊，放入鍋中隔水加熱融化，置旁備用。

2 全蛋和細砂糖、海鹽放入攪拌缸中拌打至稍濃稠即可。

3 將做法1分3次加入做法2中混合均勻。

4 低筋麵粉和泡打粉一起過篩，加入做法3巧克力麵糊拌勻。

5 牛奶巧克力和熟腰果分別略切碎，再拌入做法4麵糊。

6 最後倒入模型中，送入預熱200℃的烤箱，烤約30分鐘或以細竹籤刺入麵糊中心不沾黏，即可取出置於網架上放涼。

Chef Tips! 小提醒

製作糕點將不同溼性與乾性材料或打發鮮奶油、蛋時，分次加入攪拌是重要也必要的，如此可幫助不同材料融合順利，也減少打發的材料消泡。

下一頁還有做法

製作抹茶甘納許
Matcha Ganache

7 將白巧克力切碎片，放入盆中。

8 將鮮奶油加熱至微溫，將抹茶粉過篩倒入，一邊攪拌至抹茶粉溶於鮮奶油中（圖❶、圖❷、圖❸）。

9 將轉化糖漿加入做法8，繼續加熱至沸騰（圖❹）。

10 倒入白巧克力盆中靜置1分鐘，攪拌至白巧克力融化（圖❺、圖❻、圖❼）。

11 將奶油切塊，加入甘納許繼續攪拌至光滑即可（圖❽、圖❾、圖❿）。

組合Mix

12 可將抹茶甘納許淋在蛋糕表面。

豆腐優格抹茶慕斯

豆腐、優格加上抹茶，是更清淡無負擔
的慕斯組合；再搭配洛神花與蜂蜜熬煉
的蘋果丁，色澤豔紅可愛，讓人不禁食
指大動。

Tofu Yogurt Matcha Mousse

做法在下一頁

蘋果蜂蜜醬

慕斯

穀片餅乾底

份量　直徑6公分、高4.5公分小圓模型4個
溫度與時間　冷藏冰硬
難易度　★簡單，新手操作也OK

材料 Ingredients

穀片餅乾底

無鹽奶油	25克
蘋果汁	15 c.c.
喜瑞爾早餐穀片	55克

慕斯

嫩豆腐	140克
無糖優格	100克
蘋果汁	30 c.c.
吉利丁粉	1/2大匙
抹茶粉	5克（約1大匙）
蜂蜜	45克

蘋果蜂蜜醬

蘋果丁	100克
蜂蜜	10克
洛神花湯液	30c.c.

Chef Tips! 小提醒

1. 製作蘋果蜂蜜醬時，若沒有洛神花湯液，可以檸檬汁替代，份量減半且加上等量水，但是會少了洛神花湯液的顏色。
2. 吉利丁粉1/2大匙約3.5克，可以用1.5片的吉利丁替代（每片吉利丁約2.5克）。

做法 How To Do

製作餅乾底Biscuit Base

1 將奶油和蘋果汁以小火加熱至奶油融化，加入壓碎的早餐穀片混合均勻後，每一小模型放入約2大匙，再將其壓平，放入冷藏冰硬備用。

製作慕斯Mousse

2 豆腐壓碎，以篩網過篩後和優格混合均勻。

3 蘋果汁加熱至燙手後加入吉利丁粉拌溶，再加入抹茶粉、蜂蜜攪拌均勻。

4 將做法3加入做法2中迅速混合均勻，即成慕斯。

5 取出餅乾底模型，將慕斯填入模型，再放回冷藏冰鎮。

製作蘋果蜂蜜醬
Apple Honey Sauce

6 將蘋果丁、蜂蜜、洛神花湯液放入鍋以中小火加熱，將蘋果煮至香軟即可，置旁放涼備用。

組合Mix

7 待慕斯冰硬定型後取出脫模，放上蘋果蜂蜜醬即可。

Matcha Chocolate
Mousse with Mango

這款水果慕斯以抹茶與巧克力作基底，再佐以
果香濃郁著稱的芒果和藍莓，十足的甜蜜蜜，
味道卻非常協調。

芒果抹茶巧克力慕斯杯

裝飾水果

蛋糕片

抹茶巧克力慕斯

份量　杯口直徑9公分、杯高10公分4杯
溫度與時間　冷藏約1小時
難易度　★簡單，新手操作也OK

材料 Ingredients

抹茶巧克力慕斯

細砂糖	20克
水	20c.c.
蛋黃	40克（約2個）
牛奶巧克力	100克
抹茶粉	3.3克（約2小匙）
動物性鮮奶油	200克

組合裝飾

抹茶或巧克力蛋糕每杯2片
（約1公分厚）

抹茶糖水	適量
芒果果肉	200克
藍莓	約24顆
新鮮薄荷葉	適量

Chef Tips! 小提醒

1.抹茶蛋糕的做法參考P28；
　抹茶糖水做法參考P51。
2.利用巧克力本身遇冷凝結
　的特性，加入打發冰涼鮮
　奶油拌勻即成慕斯，不需
　再加入吉利丁幫助凝結，
　而打發蛋黃則讓慕斯口感
　更滑順。

做法 How To Do

製作抹茶巧克力慕斯
Matcha Chocolate Mousse

1 細砂糖和水煮開，緩緩倒入蛋黃中，邊加入邊攪拌均勻，再以隔水加熱方式將蛋黃攪拌至開始變濃稠，離開熱源，以攪拌器打至顏色轉淡、濃稠。

2 牛奶巧克力切碎，隔水加熱融化後加入過篩的抹茶粉拌勻，再取1/3量打至6分發的鮮奶油，拌入牛奶巧克力混合均勻。

3 將做法1加入做法2快速攪拌均勻，然後將剩餘的打發鮮奶油加入混合均勻，即成抹茶巧克力慕斯。

組合＆裝飾Mix&Deco

4 將慕斯填裝入已放圓孔花嘴的擠花袋中，先擠少許慕斯於杯底，放上1片蛋糕，塗刷些抹茶糖水，再擠些慕斯，放上芒果丁，再擠些慕斯，放上第2片蛋糕，塗刷些抹茶糖水，再擠些慕斯，送入冷藏冰鎮約1小時。

5 芒果切小塊或挖成球狀。

6 取出慕斯杯，表面放上芒果、藍莓和新鮮薄荷葉裝飾即可。

Matcha Tiramisù

抹茶提那蜜斯

如果義式的可可提拉蜜絲是你的心頭好,不妨
也試試抹茶口味的,同樣有著滑順溼潤多層次
的口感,卻有著完全不一樣的日式風情。

抹茶粉

慕斯

份量　23×15公分烤盅1盤
溫度與時間　冷藏1小時以上
難易度　★簡單，新手操作也OK

材料 Ingredients

底部餅乾
抹茶手指餅乾　　　　40個

抹茶糖水
冷開水　　　　　　　125 c.c.
細砂糖　　　　　　　15克
抹茶粉　　　5克（約1大匙）
梅酒　　　15 c.c.（約1大匙）

慕斯
蛋黃　　　　60克（約3個）
細砂糖　　　　　　　100克
抹茶粉　　　　　　　1小匙
動物性鮮奶油　　　　200克
瑪斯卡彭乳酪　　　　125克

組合
夾層和表面抹茶粉　　適量

做法 How To Do

製作抹茶糖水
Matcha Sugar Water

1 取1/2量的冷開水和細砂糖加熱至糖溶解，放入過篩的抹茶粉攪拌均勻，再將剩餘冷開水、梅酒加入混合，置旁備用。

製作慕斯Mousse

2 蛋黃和細砂糖放入鋼盆中隔水加熱，攪拌至蛋黃顏色轉白、蓬鬆；取1大匙的鮮奶油和抹茶粉攪拌後，加入蛋黃醬中攪拌均勻。

3 放室溫軟化的瑪斯卡彭乳酪（mascarpone cheese）拌軟後，分次加入做法2中混合均勻。

4 鮮奶油打發後，再加入混合均勻即可。

Chef Tips!
小提醒

1. 抹茶手指餅乾做法和配方參考P84，約可製作40個餅乾。

2. 傳統的義式提那蜜斯是使用容器製作的乳酪慕斯，因此僅以打發蛋、瑪斯卡彭乳酪和鮮奶油（有些配方完全不加鮮奶油）組合，不需如一般慕斯必須另外加吉利丁，若是想將這配方做成可分切的較硬慕斯，可加入1.5～2片吉利丁即可。

下一頁還有做法

組合Mix

5 先將烤盅底部以抹茶手指餅乾鋪滿（圖❶），塗刷上1/2量的抹茶糖水（圖❷），加入1/2量（圖❸）的慕斯抹平（圖❹），篩撒上一層抹茶粉（圖❺），再重覆上述鋪手指餅乾（圖❻）、刷糖水（圖❼）、加慕斯的步驟一次（圖❽）。

6 最後將慕斯表面抹平（圖❾），覆蓋上保鮮膜，放入冷藏冰鎮1個小時以上。取出享用前，表面再撒上抹茶粉即可。

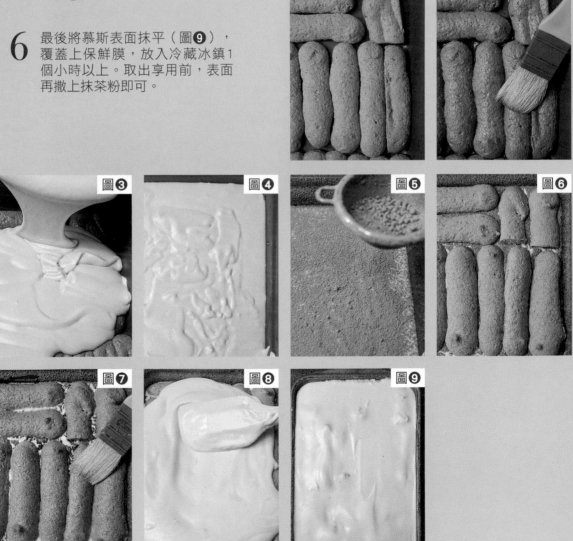

抹茶草莓慕斯

好朋友的生日到了，該怎麼為他慶祝呢？
不妨親手做一個「抹茶草莓慕斯」蛋糕表
達你的誠意，那將是獨一無二最讓人驚喜
的禮物！

Matcha Mousse Torte with Fresh Strawberry

抹茶慕斯

草莓

抹茶慕斯

份量　6吋慕斯圈1個
溫度與時間　冷藏3～4小時
難易度　★★有點烘焙經驗，更易成功

材料 Ingredients

抹茶慕斯

牛奶	120 c.c.
吉利丁	2.5片
蛋黃	20克（約1個）
細砂糖	12克
水果酒	5c.c.
抹茶粉　3.3克（約2小匙）
動物性鮮奶油	100克
糖粉	10克
抹茶或香草蛋糕6吋	2片
	（約1公分厚）
新鮮草莓	20個
草莓或覆盆莓果醬	適量

做法 How To Do

製作抹茶慕斯Matcha Mousse

1 牛奶以小火加熱，煮沸前熄火，吉利丁加入冰水中泡軟備用（圖❶）。

2 蛋黃和細砂糖拌勻，緩緩加入熱牛奶並攪拌均勻（圖❷），再將吉利丁瀝乾水後加入，趁熱攪拌溶解（圖❸）。

3 將做法2隔著冰水攪拌降溫（圖❹），過程中以耐熱橡膠刮刀不斷攪拌（圖❺），同時不時刮盆壁與盆底，避免直接接觸冰水的牛奶蛋液凝結。

4 待溫度降至約60℃時，加入已經過篩的抹茶粉（圖❻）、水果酒攪拌均勻，過篩牛奶蛋液至另一個盆子，再移回冰水中繼續攪拌降溫至涼（但尚未凝結），移開冰水置旁備用。

圖❶　圖❷　圖❸
圖❹　圖❺　圖❻

下一頁還有做法

5 鮮奶油倒入盆中，加入糖粉，底部墊一盆冰塊水，以攪拌器打發，然後分次加入做法4中（圖❼）混合均勻（圖❽），若混合後太稀薄，可再移入冰水中攪拌至開始凝結濃稠即可。

準備模型Mousse Ring

6 可先以錫箔紙將慕斯圈底部與側邊包覆著（可防止若慕斯過稀時滲漏）。

組合＆裝飾Mix&Deco

7 先排入第一片蛋糕片於慕斯圈底部，將幾顆草莓切半，以繞圈方式，先貼著慕斯圈內壁排好，再將整顆的草莓排列於蛋糕片上（圖❾、❿），然後倒入慕斯（圖⓫）覆蓋住草莓（圖⓬），再蓋上第二片蛋糕（圖⓭），放入冷藏約3～4小時，讓慕斯凝結定型。

8 取出慕斯，以噴燈快速燒慕斯圈外壁後脫模（圖⓮），在表層蛋糕塗抹上果醬，再放上新鮮草莓裝飾即可。

Chef Tips! 小提醒

1. 製作牛奶慕斯時，混合完成的慕斯軟硬與濃稀度特別重要，若過硬稠時缺少流動性，較不易和模型密合，而太稀薄時又容易滲漏出模型，因此牛奶蛋液在降溫時溫度與濃稀的控制需特別注意。

2. 做法7排列草莓時，先排外圈，再慢慢往圓模的中心排列。

3. 打發鮮奶油和糖粉時，如果鮮奶油夠冰涼，加上操作環境涼爽、氣溫低，可以直接加入糖粉後打發，但若鮮奶油不是剛從冰箱取出，再者操作環境潮濕且熱，建議在裝了鮮奶油和糖粉的鋼盆下，多墊一盆冰塊水，會有助於打發。

Matcha
Grapefruit Flavour
Crème Brûlée 抹茶香柚烤布蕾

比布丁更柔滑的烤布蕾，表面那層脆焦糖是最
吸引人的部分，這回添加了綠綠的抹茶和糖漬
葡萄柚皮絲，口味與形色都令人驚豔。

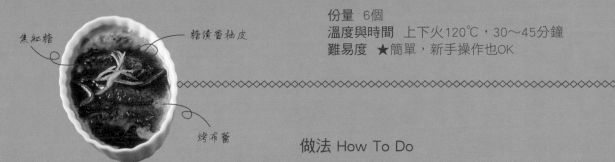

焦紅糖　　　　　糖漬香柚皮

烤布蕾

份量　6個
溫度與時間　上下火120℃，30～45分鐘
難易度　★簡單，新手操作也OK

做法 How To Do

製作烤布蕾Crème Brûlée

1　牛奶、細砂糖和葡萄柚皮以中小火煮沸前熄火，放涼至60℃，加入過篩的抹茶粉攪拌均勻備用。

2　蛋和優格拌勻，加入做法1中攪拌均勻成抹茶蛋奶液。

3　將切好的葡萄柚果肉排於烤盅，再倒入抹茶蛋奶液至8分滿，放入預熱120℃的烤箱烤約30～45分鐘，或至中央蛋奶液凝結。

4　稍涼後封上保鮮膜移入冷藏。

製作糖漬香柚皮
Candied Grapefruit Peel

5　將水和細砂糖放入鍋中以中小火加熱，沸騰後繼續煮至糖液呈金黃色即離火。

6　使用鎳夾或筷子將葡萄柚皮粗絲逐一浸於糖液，取出後再一條條排列於塗過油的網架上，讓葡萄柚皮風乾變硬即可。

組合Mix

7　取出冰鎮後的烤布蕾，在每杯表面撒上0.5大匙紅糖，以噴燈燒成焦糖，再放上糖漬香柚皮即可。

材料 Ingredients

烤布蕾

牛奶	200 c.c.
細砂糖	30克
葡萄柚皮	1/4個
抹茶粉	3.3克（約2小匙）
全蛋	100克（約2個）
無糖優格	100克
葡萄柚	2個
紅糖	3大匙

糖漬香柚皮

水	250c.c.
細砂糖	200克
葡萄柚皮絲	1個

Chef Tips! 小提醒

葡萄柚果肉可先以乾淨布巾或紙巾拭乾多餘水分，這樣才不會稀釋掉布丁液，造成布丁口感過於稀軟。

塔·派
餅乾·
小點心篇
Tart · Pie · Cookie · Dessert

烘焙塔、派或餅乾等甜點，
通常都會使用香濃的奶油和砂糖；
加入抹茶調味可以降低甜膩感。
由於抹茶含有豐富的維生素和微量元素，
也是目前大勢的健康食材唷！

洋梨抹茶塔

朋友來家裡聚會，要如何讓賓主盡歡呢？
做一個簡單卻又華麗的洋梨抹茶塔，相信
端出來的那一刻，將是最讓人興奮期待的
美妙時光！

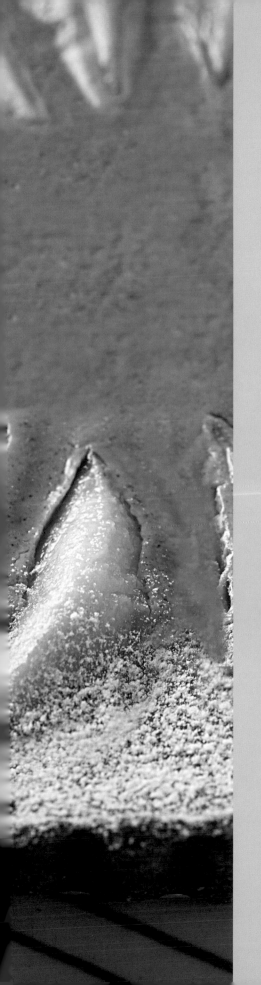

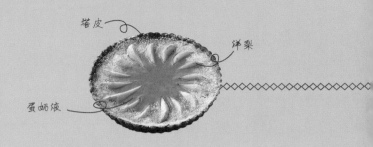

塔皮
洋梨
蛋奶液

份量　直徑24公分（9吋）圓塔模1個
溫度與時間　上下火180℃，共20分鐘（甜塔皮，分兩段烤）；
　　　　　　上下火180℃，20分鐘（最終烘烤）
難易度　★簡單，新手操作也OK

材料 Ingredients

巧克力甜塔皮

無鹽奶油	150克
糖粉	100克
全蛋	50克（約1個）
香草精	1/8小匙
低筋麵粉	280克
可可粉35克或抹茶粉15克	

蛋奶液

牛奶	250 c.c.
動物性鮮奶油	100克
全蛋	50克（約1個）
細砂糖	45克
低筋麵粉	15克
抹茶粉7.5克（約1.5大匙）	
無鹽奶油	15克

其他

融化巧克力或甘納許	適量
洋梨	3顆
糖粉(裝飾用)	適量

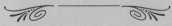

下一頁還有做法

做法 How To Do

製作巧克力甜塔皮
Chocolate Pastry

1　奶油軟化後，加入糖粉拌打至顏色變白、變淡，質感柔軟的鬆發狀態，然後加入蛋和香草精攪拌均勻，再將混合過篩的低筋麵粉與可可粉加入拌勻成麵團。

2　將塔皮麵團以保鮮膜封好放入冷藏，鬆弛冰硬1小時（若趕時間可直接放冷凍約30分鐘）。

3　取出塔皮麵團，擀開成厚約0.3公分的麵皮，小心移置模型上，讓麵皮貼合並裁整多餘麵皮。

4　以叉子在底部麵皮刺些小孔，以利烤焙時熱氣釋放。

5　鋪一張烤焙紙或錫箔紙在麵皮上，上面再放上約1公分厚的烤焙重石（可以生豆粒代替），可避免烤焙時底部塔皮過度隆起。

6　送入預熱180℃的烤箱烤約10分鐘，然後取出，移除烤焙紙與重石，再放回烤箱續烤約10分鐘，或至麵皮表面呈淡金黃色即可出爐。

7　放涼後在底部餅皮上塗抹上薄薄一層融化巧克力或甘納許備用（圖❶）。

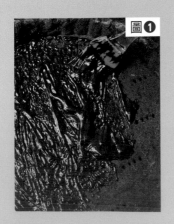

圖❶

Chef
Tips!
小提醒

由於這道塔中的餡料洋梨，屬於較容易烤焦且糖分高的食材，所以必須將塔皮事先烤過，也就是空烤、盲烤、預烤，以免洋梨烤焦。

製作蛋奶液Filling

8　牛奶、鮮奶油以小火加熱，煮開前熄火。

9　將蛋、細砂糖、低筋麵粉、抹茶粉混合均勻，緩緩倒入熱牛奶，邊倒邊攪拌均勻，再將奶油加入混合均勻。

烘烤Bake

10　洋梨去皮去核，每顆洋梨切5～6塊。

11　取洋梨塊平均鋪放在塔皮上，再緩緩倒入蛋奶液至洋梨塊的3/4高度，放入烤箱烤約20分鐘，或至中心蛋奶液烤熟凝結即可。

12　出爐後置旁放涼，食用前再撒上糖粉裝飾。

抹茶巧克力藍莓酥塔

巧克力與抹茶是味道很搭的好朋友，彼
此氣味都很有個性，卻能互相融合、襯
托，加上新鮮藍莓，風味更有層次，也
不容易膩口。

*Matcha Chocolate
Blueberry Tart*

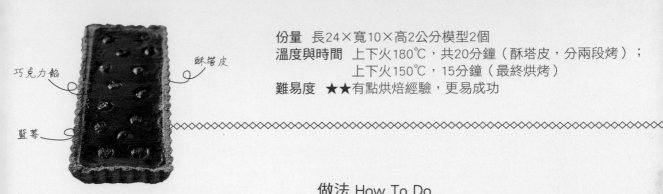

巧克力餡　　酥塔皮

藍莓

份量　長24×寬10×高2公分模型2個
溫度與時間　上下火180℃，共20分鐘（酥塔皮，分兩段烤）；
　　　　　　上下火150℃，15分鐘（最終烘烤）
難易度　★★有點烘焙經驗，更易成功

材料 Ingredients

抹茶酥塔皮

低筋麵粉	200克
抹茶粉	10克（約2大匙）
無鹽奶油	120克
糖粉	75克
杏仁粉	25克
鹽	1小撮
全蛋	50克（約1個）

巧克力餡

牛奶	5大匙
全蛋	50克（約1個）
蛋黃	20克（約1個）
抹茶粉	3.3克（約2小匙）
動物性鮮奶油	250克
苦甜巧克力	185克
新鮮藍莓	60克

裝飾

抹茶粉	適量

做法 How To Do

製作抹茶酥塔皮Matcha Pastry

1 低筋麵粉和抹茶粉混合過篩後，放在工作檯或大攪拌盆，將奶油自冷藏取出迅速切約1公分丁塊後加入粉中（圖❶）。

2 將糖粉、杏仁粉、鹽也加入（圖❷），以雙手手指將加入的材料和麵粉搓揉混合成許多黃豆大的小粉塊（圖❸），再加入蛋液（圖❹）混合成團即可（圖❺）。

3 將塔皮麵團以保鮮膜封好（圖❻），放入冷藏，鬆弛冰硬1小時以上（若趕時間可直接放冷凍約30分鐘）。

圖❶　圖❷

圖❸

圖❹

圖❺

圖❻

下一頁還有做法

當塔、派的內餡較稀薄、水分較多時，可先在空烤好的餅皮塗抹融化巧克力或果醬，以保護餅皮不會被內餡水分浸濕軟，而這道巧克力內餡較濃稠，因此不需要這一道程序。

4 取出約200克的塔皮麵團2份，擀開成厚約0.3公分的麵皮（圖❼），小心移置模型上（圖❽），讓麵皮貼合模型並裁整多餘麵皮（圖❾）。

5 以叉子在底部麵皮刺些小孔，以利烤焙時熱氣釋放（圖❿）。

6 接著鋪上一張烤焙紙或錫箔紙在麵皮上，上面再放上約1公分厚的烤焙重石（可以生豆粒代替）（圖⓫），重石重量可避免烤焙時底部塔皮過度隆起。

7 送入預熱180℃的烤箱烤約10分鐘，然後取出烤焙紙與重石，再放回烤箱續烤約10分鐘，或至麵皮表面呈淡金黃色即可出爐，置旁稍涼。

製作巧克力餡
Chocolate Stuffing

8 牛奶、蛋、蛋黃和抹茶粉混合並攪拌均勻備用。

9 鮮奶油以中小火加熱，煮沸前熄火，倒入切碎的巧克力中靜置1分鐘，讓巧克力吸收鮮奶油熱度後，再攪拌至巧克力完全融化、質地光滑。

10 將做法8分次加入做法9中混合均勻即可。

烤焙Bake

11 將完成的內餡倒入塔皮中，放上藍莓，送入預熱150℃烤箱烤約15分鐘，或至內餡中央烤熟凝結，取出置旁放涼。

12 在巧克力藍莓塔邊緣撒上抹茶粉即可。

圖❼

圖❽

圖❾

圖❿

圖⓫

抹茶太妃堅果派

把南瓜子拌入用蜂蜜、鮮奶油、焦糖
精心熬製的太妃糖漿中，就成了堅果
派香脆甜蜜的內餡；加上抹茶奶油擠
花，可愛又可口。

Matcha Toffee Nut Pies

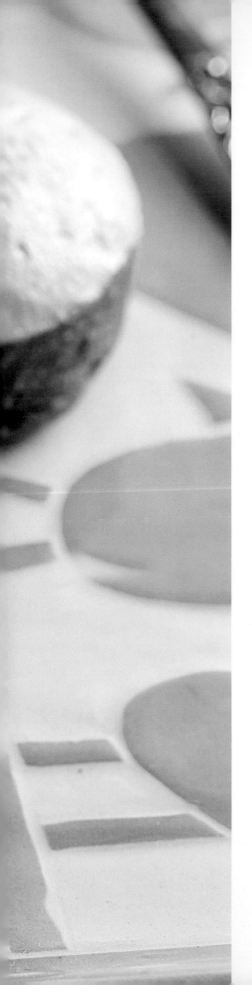

焦糖杏仁

抹茶甘納許
鮮奶油

派皮

份量　直徑7公分、高2.5公分圓塔模6個
溫度與時間　上下火180℃，共25～30分鐘
　　　　　　（甜派皮，分兩段烤）
難易度　★ ★有點烘焙經驗，更易成功

材料 Ingredients

抹茶甜派皮

高筋麵粉	100克
低筋麵粉	100克
抹茶粉 10克（約2大匙）	
細砂糖	1大匙
無鹽奶油	100克
全蛋　50克（約1個）	
冰水	30 c.c.

太妃堅果餡

動物性鮮奶油	70克
蜂蜜	30克
細砂糖	60克
水	15c.c.
南瓜子	100克
無鹽奶油	15克

抹茶甘納許鮮奶油

抹茶甘納許	50克
打發鮮奶油	100克

裝飾

焦糖杏仁	少許

下一頁還有做法

做法 How To Do

製作抹茶甜派皮
Matcha Pastry

1 將高筋、低筋麵粉和抹茶粉混合過篩後倒入鋼盆，或者在工作檯上堆成小丘，加入細砂糖拌勻。

2 將奶油從冷藏庫取出，迅速切成小丁放入麵粉中，以手指尖混合麵粉與奶油丁成許多黃豆般大小的麵粉塊堆。

3 在麵粉塊堆中央挖一個井（洞），倒入蛋和冰水，以手或叉子將麵粉和冰水逐漸混合均勻，如果麵團太乾可酌加冰水，揉整成團即可，包上保鮮膜放入冰箱冷藏30分鐘以上，即成甜派皮麵團。

4 取出派皮麵團，擀開成厚約0.3公分的麵皮，小心移置小模型上，讓麵皮貼合並裁整多餘麵皮。

5 以叉子在底部麵皮刺些小孔以利烤焙時熱氣釋放。

6 鋪一張烤焙紙或錫箔紙在麵皮上，上面再放上約1公分厚的烤焙重石（可以生豆粒代替），可避免烤焙時底部派皮過度隆起。

7 送入預熱180℃的烤箱烤約15分鐘，然後取出，移除烤焙紙與重石，再放回烤箱續烤約10～15分鐘，或至麵皮表面呈淡金黃色即可出爐。

8 放涼後在底部餅皮上塗抹上薄薄一層融化白巧克力或甘納許備用。

製作太妃堅果餡Toffee Nut

9 鮮奶油和蜂蜜以中小火加熱，煮至沸騰前熄火備用。

10 細砂糖和水加入鍋內，以中小火加熱，火焰不可超過糖的高度，避免將鍋邊的糖煮焦。煮糖時不可攪拌，可輕搖鍋子幫助混合均勻，再繼續煮至成琥珀色焦糖。

11 將做法9緩緩加入做法10攪拌均勻。

12 將堅果加入混合均勻。

13 最後趁熱將太妃堅果餡放入烤好的派皮裡，稍壓整後備用。

製作抹茶甘納許鮮奶油
Matcha Ganache Cream

14 將放入冰箱冷藏、開始凝結（或自冰箱冷藏冰硬取出放室溫開始回軟）的抹茶甘納許拌打至鬆發。

15 將打發鮮奶油加入抹茶甘納許混合均勻即可。

組合＆裝飾Mix&Deco

16 將抹茶甘納許鮮奶油塗抹或擠在太妃堅果派上，抹成小山形狀，再加上焦糖杏仁碎片裝飾即可。

Chef Tips! 小提醒
1. 抹茶甘納許做法參考P44；焦糖杏仁做法參考P121。
2. 製作塔派、皮時，操作環境與食材必須保持低溫，不然會導致麵皮中的奶油融化，而失去奶油形成的酥脆層次，麵皮也會因此難以擀開整型。

抹茶卡士達栗子派

這道以抹茶卡士達醬填入巴斯克派皮做成的栗子派，
烤得澄黃油亮、奶香撲鼻，金橘色的甘栗搭配濃綠的
抹茶餡，有豐厚的美感。

Matcha Chestnut
Gâteau Basque

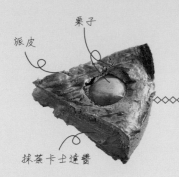

栗子

派皮

抹茶卡士達醬

份量　直徑18公分、高3.5公分圓模1個
溫度與時間　上下火200℃，30分鐘
難易度　★★有點烘焙經驗，更易成功

材料 Ingredients

抹茶卡士達醬
牛奶	500 c.c.
細砂糖	80克
蛋黃	80克（約4個）
抹茶粉	10克（約2大匙）
低筋麵粉	35克

巴斯克派皮
無鹽奶油	80克
糖粉	80克
全蛋	50克（約1個）
低筋麵粉	120克
抹茶粉	6克（1大匙多一點）
泡打粉	2克

內餡＆裝飾
栗子	12個
全蛋	50克（約1個）
糖粉	適量

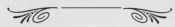

Chef Tips! 小提醒

這道派皮較濕軟特殊，所以用擠花袋直接擠出塑型，若是完成的派皮麵糊太濕軟，可先放入冰箱冷藏稍微冰硬，比較方便操作。

做法 How To Do

製作抹茶卡士達醬
Matcha Custard

1 牛奶以中小火加熱，至沸騰前熄火。

2 細砂糖和蛋黃拌打至濃稠、顏色變淡、體積膨脹的鬆發狀態，然後加入過篩的抹茶粉與低筋麵粉攪拌均勻。

3 將做法1緩緩倒入做法2中，邊倒邊快速攪拌均勻。

4 將做法3再倒回煮鍋加熱，以耐熱橡膠刮刀不時攪拌，刮鍋壁與鍋底，避免卡士達燒焦，煮至開始冒泡即可離火。

5 將煮好的卡士達醬倒入其他容器，醬面覆蓋保鮮膜避免表面結皮，放涼備用或移入冷藏保存。

製作巴斯克派皮
Basque Pastry

6 奶油軟化後，加入糖粉打發（顏色變白、變淡、鬆發），加入蛋拌勻。

7 再將所有粉類混合過篩加入拌勻，即成麵糊。

下一頁還有做法

組合＆烤焙Mix&Bake

8 準備塗過軟化奶油（份量外）的模型（圖❶），將派皮麵糊填裝入已放直徑約1公分圓孔花嘴的擠花袋中，將派皮麵糊先以繞同心圓擠在模型底部（圖❷），再盤繞上模型側邊（圖❸）。

9 準備另一個擠花袋裝填卡士達醬，將餡料擠滿於做法8中間空處（圖❹），再將6個略切小塊的栗子鑲塞在其中（圖❺）。

10 接著將剩餘的巴斯克派皮麵糊擠覆蓋住卡士達餡，以刮刀稍抹平麵糊表面（圖❻），再以叉子畫些條紋（圖❼），鑲上6個切對半的栗子（圖❽），然後塗刷上一層蛋液（份量外）（圖❾）。

11 送入預熱200℃烤箱烤約30分鐘，或至表面金黃酥熟即可，取出稍涼，周邊撒上糖粉即可。

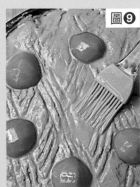

Matcha Flavour Langues de Chat

抹茶風味貓舌餅乾

貓舌餅乾形狀可愛，以其形似貓舌得名。
薄薄脆脆、香酥爽口，塗上抹茶黑巧克力
甘納許做成夾心酥，就成了適配咖啡的下
午茶好搭檔。

做法在下一頁

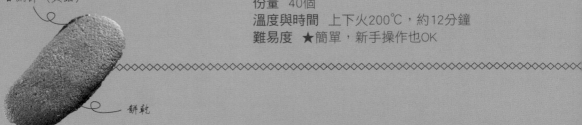

抹茶黑巧克力
甘納許（夾餡）

餅乾

做法 How To Do

製作餅乾Cookie

1 奶油軟化後，加入過篩糖粉拌打至顏色變白、變淡，質感柔軟的鬆發狀態。

2 低筋麵粉和抹茶粉混合過篩，蛋白稍攪拌打散，將粉類和蛋白各先取1/2量加入做法1中混合均勻，再將剩餘的粉類和蛋白繼續加入混合均勻。

3 加入檸檬皮屑拌勻成麵糊，放入冷藏30分鐘。

4 取出麵糊填裝入已放直徑約1公分圓孔花嘴的擠花袋中，準備不沾烤墊或在烤焙紙上塗軟化奶油（份量外），在上面擠出寬1公分、長7公分的長條麵糊，每一長條麵糊間隔要保持4～5公分，排列整齊，直到麵糊全部擠完。

5 放入預熱200℃烤箱烤約12分鐘，或至餅乾周圍焦黃上色即可取出，待稍涼後就可以取下餅乾，若靜置時間太久，餅乾會較不易與烤焙紙分離。

製作抹茶黑巧克力甘納許
Matcha Chocolate Ganache

6 將調溫巧克力切碎，放入攪拌盆中備用。

7 將鮮奶油加入湯鍋，以中小火慢慢加熱，煮至將沸騰時即離火，置於旁數分鐘降溫。

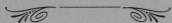

材料 Ingredients

餅乾

無鹽奶油	120克
糖粉	120克
低筋麵粉	80克
抹茶粉	5克（約1大匙）
蛋白	90克（約3個）
檸檬或柳橙皮屑	2小匙

抹茶黑巧克力甘納許

調溫巧克力	100克
動物性鮮奶油	125克
抹茶粉	7.5克（約1.5大匙）
無鹽奶油	25克

Chef Tips! 小提醒

烤好放涼的貓舌餅乾，密封於室溫下可保存一週，若有甘納許夾餡，最好1～2天吃完。

8 將做法7鮮奶油倒入做法6中，靜置約1分
鐘，讓巧克力吸收鮮奶油熱度融化。

9 使用耐熱橡皮刮刀由中心向外畫圈圈般輕
柔攪拌，或是以均質機低速攪拌，拌至巧
克力完全融化，甘納許的質地柔順閃亮。

10 將抹茶粉直接過篩加入拌勻，再加入切塊
奶油，繼續攪拌至光滑即可。

組合&裝飾Mix&Deco

11 甘納許稍涼後覆蓋保鮮膜放入冰箱，待開
始凝結時，可取出塗抹在貓舌餅乾上當作
夾餡，未使用完的甘納許繼續放冰箱冷
藏，可保存一週。

一次烤好40片彎月餅乾，待涼之後可放在玻璃罐裡隨時享用，餅乾內含苦甜巧克力和夏威夷果，是你工作疲憊時最佳的能量來源。

苦甜彎月餅乾 BitterSweet Crescent Biscuits

餅乾
抹茶甘納許
糖粉

份量　40個
溫度與時間　上下火160℃，20～25分鐘
難易度　★簡單，新手操作也OK

材料 Ingredients

餅乾

無鹽奶油	220克
細砂糖	55克
核果酒或水	15 c.c.
低筋麵粉	275克
抹茶粉 7.5克（約1.5大匙）	
鹽	1/4小匙
夏威夷果	50克
苦甜巧克力	50克

裝飾沾醬

糖粉	適量
抹茶甘納許	適量

做法 How To Do

製作餅乾Cookie

1 奶油軟化後，加入細砂糖拌打至顏色變白、變淡，質感柔軟的鬆發狀態（圖**1**），加入酒或水拌勻。

2 低筋麵粉、抹茶粉混合過篩，和鹽一起加入做法1中拌勻（圖**2**）。

3 加入略切碎的夏威夷果和巧克力（圖**3**），混合均勻成麵團（圖**4**）。

4 取出麵團分切與揉整成一個個長5×寬1公分的橄欖形長條，再整型成彎月狀，排放在鋪好烤焙紙的烤盤上（圖**5**），送入預熱160℃的烤箱，烤約20～25分鐘至熟。

裝飾Deco

5 出爐放涼的餅乾可在1/2部分撒上糖粉，再將另一半沾裹上加熱融化的抹茶甘納許即可（圖**6**）。

Chef Tips! 小提醒

1. 抹茶甘納許的做法參考P44。
2. 製作完成的餅乾麵團若太濕軟黏手，可先放入冰箱冷藏稍微冰硬，再取出操作整型。整型時，手可輕沾少許高筋麵粉避免黏手。

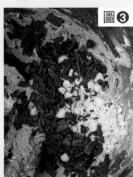

抹茶手指餅乾

製作手指餅乾要用許多雞蛋,所以質地格外酥鬆且蛋香味濃郁;加入抹茶,口味又添了份茶香。可以單吃,也可拿來做義式甜點提那蜜斯。

Matcha Ladyfinger

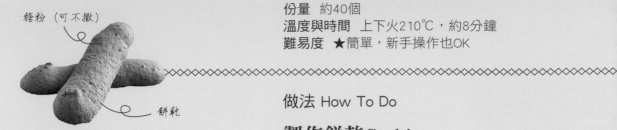

糖粉（可不撒）

餅乾

份量　約40個
溫度與時間　上下火210℃，約8分鐘
難易度　★簡單，新手操作也OK

材料 Ingredients

蛋黃	60克（約3個）
蛋白	90克（約3個）
細砂糖	75克
低筋麵粉	100克
抹茶粉	10克（約2大匙）
糖粉（可不準備）	適量

做法 How To Do

製作餅乾Cookie

1 蛋黃打散置旁，低筋麵粉與抹茶粉混合過篩備用。

2 蛋白放入乾淨盆中，先打出粗大泡沫，分次加入細砂糖，以高速拌打至6分發，再轉中速打至8分發（溼性發泡稍硬）（圖❶）。

3 再將打散的蛋黃淋在蛋白上（圖❷），分次加入過篩的低筋麵粉和抹茶粉（圖❸），混合稍勻成麵糊（圖❹）。

4 將麵糊填裝入已放直徑約1公分圓孔花嘴的擠花袋中，在烤盤烘焙紙上擠出一個個約長7×寬1公分的長條（圖❺），也可擠出相連或圓型的手指餅乾（圖❻）。

烘烤Bake

5 若希望表面有粗糙顆粒，可撒上糖粉，送進預熱210℃的烤箱，烤約8分鐘表面稍金黃即可。

Chef Tips!
小提醒

1. 手指餅乾的口感蓬鬆，所以在攪拌打發蛋白和粉類時要輕柔混合，不需過度攪拌至麵糊完全均勻與光滑，不要仍有粉塊未拌開即可。

2. 麵糊也可擠成長8×寬2或長6×寬1公分大小。

3. 做法2中的溼性發泡稍硬是指勾狀尖端朝上的狀態，可參考下方圖❶。

Matcha Melting Moments

圓圓綠綠的抹茶雪球做法超簡單，沒做過甜點的人也能快速上手，也很適合帶著小朋友一起做，享受家人同樂的美好時光。

抹茶雪球

份量　每個20克，約35個
時間　上下火160℃，20～25分鐘
難易度　★簡單，新手操作也OK

材料 Ingredients

無鹽奶油	220克
細砂糖	55克
低筋麵粉	300克
抹茶粉 7.5克（約1.5大匙）	
水	15 c.c.
鹽	1/4小匙
蜜紅豆粒	120克
抹茶粉（沾裏用）	適量

做法 How To Do

製作餅乾Cookie

1 奶油軟化後，加入細砂糖拌打至顏色變白、變淡，質感柔軟的鬆發狀態。

2 低筋麵粉、抹茶粉混合過篩，和水、鹽一起加入做法1中拌勻。

3 加入蜜紅豆粒混合均勻成麵團。

4 取出麵團分切與揉整成一個個2.5公分的圓球，排放在鋪好烤焙紙的烤盤上，送入預熱160℃的烤箱，烤約20～25分

組合Mix

5 出爐放涼的餅乾，均勻沾裏上抹茶粉即可。

Chef Tips! 小提醒

如果希望雪球餅乾的口感較扎實，可控制奶油的打發程度不要過發。

抹茶粉

餅乾

抹茶蔓越莓燕麥餅乾

想試著做點手工餅乾嗎？色澤漂亮、食材健康又富含纖維素的抹茶蔓越莓燕麥餅乾是最佳選擇，讓你一出手就有不同凡響的表現。

蔓越莓乾

餅乾

份量 每個30克，約20個
溫度與時間 上下火180℃，15～20分鐘
難易度 ★簡單，新手操作也OK

材料 Ingredients

無鹽奶油	125克
細砂糖	90克
牛奶	45 c.c.
檸檬汁	20～25c.c.
蔓越莓乾	60克
燕麥片	110克
高筋麵粉	60克
低筋麵粉	60克
抹茶粉	10克（約2大匙）
小蘇打粉	約3克（1/2小匙多）

Chef Tips! 小提醒

這道燕麥餅乾製作時奶油不需攪打過發，不然整型時會太鬆軟，不易操作，而烘烤時餅乾麵糊也容易攤流過大。

做法 How To Do

製作餅乾Cookie

1 奶油軟化後，加入細砂糖拌打至顏色變白、變淡，質感柔軟的鬆發狀態。

2 加入牛奶、檸檬汁拌勻。

3 將蔓越莓乾、燕麥片加入混合，接著加入混合過篩的高筋、低筋麵粉、抹茶粉、小蘇打粉，混合均勻成麵糊。

4 以湯匙挖出約1大匙的麵糊，排放在塗軟化奶油（份量外）的烤盤上，手可稍沾高筋麵粉，將麵糊略搓圓，再略壓成圓餅形狀。

烘烤Bake

5 送入預熱180℃烤箱烤約15～20分鐘，至焦黃上色即可出爐放涼。

Matcha & Berry Cream Filled Meringue

抹茶莓果蛋白餅

雞蛋除了能做蛋糕、布蕾……這些軟
綿綿的甜點；把蛋白加上砂糖打發，
還能烤出鬆脆質感的蛋白餅。搭配酸
甜的抹茶莓果夾心滋味更棒。

莓果

夾餡

蛋白餅

份量　6吋1個
溫度與時間　上下火140℃，1小時30分鐘
難易度　★ ★有點烘焙經驗，更易成功

材料 Ingredients

蛋白餅

蛋白	60克（約2個）
細砂糖	110克

夾餡

奶油乳酪	120克
蜂蜜	1大匙
水果甜酒	1大匙
抹茶粉	1小匙
無糖優格	80克
莓果	150克

裝飾

抹茶粉	適量
新鮮莓果	適量

下一頁還有做法

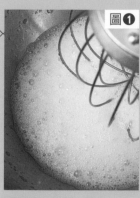

做法 How To Do

製作蛋白餅Meringue

1 將烤焙紙塗軟化奶油（份量外）撒粉，或使用矽膠不沾墊，放於烤盤上備用。

2 蛋白放入乾淨盆中，先打出粗大泡沫（圖❶），分次加入細砂糖，以高速拌打至6分發，再轉中速打至7分發（溼性發泡）（圖❷）。

3 將打發蛋白填裝入已放圓孔花嘴的擠花袋中，在烤盤上擠出2個直徑約15公分（6吋）的圓形（圖❸），放入預熱140℃的烤箱烤約1.5小時或至蛋白餅金黃乾脆，取出放涼備用。

製作夾餡Stuffing

4 將奶油乳酪和蜂蜜混合拌軟，水果甜酒和抹茶粉先攪拌均勻，再加入優格混合均勻（圖❹），接著加入奶油乳酪混合。

5 最後加入莓果混合即可（圖❺）。

組合Mix

6 將夾餡塗抹在一片蛋白餅上（圖❻），覆蓋上另一片蛋白餅後（圖❼）篩上抹茶粉，裝飾新鮮莓果即可。

Chef Tips! 小提醒

烤乾的蛋白餅未夾餡時，可密封室溫保存幾天，但夾餡後就要盡快食用完畢。假若放在冰箱，蛋白餅很快會吸收水氣而濕軟。

Matcha Red Bean Pancakes

雞蛋、牛奶做的營養煎餅是早餐菜單常見的
選擇。你可以填入抹茶蜜紅豆和瑪斯卡彭起
司調製的內餡，變為一道日式下午茶甜點。

抹茶紅豆鬆餅

煎餅

夾餡

份量　直徑10公分8個
溫度與時間　煎餅麵糊發酵約30分鐘，
　　　　　　煎餅約40分鐘
難易度　★簡單，新手操作也OK

材料 Ingredients

煎餅

全蛋	1個
牛奶	250c.c.
乾酵母粉	1小匙
細砂糖	1大匙
全麥麵粉	80克
抹茶粉	1.5小匙
沙拉油	適量

夾餡

抹茶甘納許	80克
瑪斯卡彭乳酪	160克
市售蜜紅豆粒	200克

Chef Tips! 小提醒

最好選擇鍋底有厚度的煎鍋操作，
才能受熱均勻，以免餅皮有些部分
過焦，有些部分未熟。

做法 How To Do

製作煎餅Pancake

1 將全蛋分成蛋白、蛋黃。牛奶加熱至體溫溫度，和乾酵母粉、細砂糖攪拌均勻，加入過篩的全麥麵粉、蛋黃拌勻，以保鮮膜或溼毛巾覆蓋，靜置發酵約30分鐘。

2 參考P29將蛋白打發至溼性發泡，輕柔的以橡皮刮刀將蛋白和做法1拌勻，即成煎餅麵糊。

3 將少許沙拉油倒入平底煎鍋加熱，舀入適量麵糊，製作直徑約10公分的圓煎餅，以中小火每面煎約2〜3分鐘至金黃，一個一個煎，約可製作8個圓煎餅。

製作夾餡Stuffing

4 抹茶甘納許做法參考P44。

5 將抹茶甘納許打發，和拌軟的瑪斯卡彭乳酪混合均勻即可。

組合Mix

6 將夾餡塗抹在煎餅上，放上蜜紅豆粒，再將煎餅對折即可。表面也可淋醬或撒粉裝飾。

夾著香濃抹茶卡士達醬的綠色泡芙，再蓋上一層飄著奶油香的綠色波蘿皮，如果你是抹茶控，一定會喜歡這道徹頭徹尾的精緻抹茶點心！

抹茶波蘿泡芙

Crunchy Matcha Custard Puffs

抹茶卡士達鮮奶油餡　　波蘿皮　　泡芙

材料 Ingredients

抹茶卡士達鮮奶油餡

白巧克力	80克
抹茶粉	5克（約1大匙）
牛奶	250 c.c.
蛋黃	40克（約2個）
細砂糖	50克
玉米粉	2大匙
打發鮮奶油	80克

波蘿皮

無鹽奶油	50克
細砂糖	50克
低筋麵粉	50克
抹茶粉	5克（約1大匙）

泡芙

低筋麵粉	70克
抹茶粉	5克
水	125 c.c.
鹽	1/4小匙
細砂糖	1/2大匙
無鹽奶油	55克
全蛋	150克（約3個）

做法 How To Do

製作抹茶卡士達鮮奶油餡
Matcha Custard Cream

1　白巧克力切碎，放入鍋中隔水加熱融化，抹茶粉過篩加入攪拌均勻備用。

2　牛奶以中小火加熱，至將沸騰前熄火。

3　同時將蛋黃和細砂糖拌打至濃稠、顏色變淡、體積膨脹的鬆發狀態，加入玉米粉攪拌均勻。

4　取約1/3量的做法2緩緩倒入做法3中，邊倒邊快速攪拌均勻。

5　將做法4再倒回鍋中，和剩餘的做法2混合均勻，再以中小火加熱至煮開冒泡即可熄火，過程中要以耐熱橡膠刮刀不斷攪拌，刮鍋壁與鍋底，避免燒焦，即成卡士達醬。

6　將做法1加入卡士達醬混合拌勻成抹茶卡士達醬，然後倒在淺盤中，醬面覆蓋保鮮膜避免表面結皮，放涼備用或移入冷藏保存。

7　最後將打發鮮奶油和抹茶卡士達醬混合拌勻即可。

下一頁還有做法

製作波蘿皮Topping Crust

8 奶油軟化後，加入細砂糖攪拌均勻（圖❶）。

9 加入混合過篩的低筋麵粉和抹茶粉攪拌均勻成波蘿皮（圖❷）。

10 取保鮮膜將波蘿皮包覆後（圖❸），整型成圓柱條狀（圖❹），放入冷藏1小時以上冰硬備用。

製作泡芙Puff

11 低筋麵粉和抹茶粉混合過篩，放於攪拌盆中。

12 水、鹽、細砂糖、奶油放入鍋以中小火加熱（圖❺），煮沸且奶油融化即可離火（圖❻）。

13 將做法11倒入做法12中（圖❼），繼續攪拌（圖❽）至麵糊光滑且不沾黏鍋壁（圖❾）。

泡芙麵糊要盡快使用完畢，避免麵糊過乾影響膨脹。此外，擠好的泡芙麵糊可以用噴霧器噴溼麵糊表面再入烤箱烘烤，使焙的膨脹效果更好。

14 將麵糊移置攪拌缸中稍降溫後（約5、60℃稍燙手的溫度），分次加入蛋攪拌均勻（圖❿），若麵糊太乾稠，可另多取1個蛋打散，加入適量蛋液至麵糊沾黏刮刀的形狀呈倒三角形即可（圖⓫）。

15 再將麵糊填裝入已放圓孔花嘴的擠花袋中，先擠少許麵糊在烤盤四角，再覆蓋上烤焙紙，讓麵糊黏住紙和烤盤，然後在烤焙紙上依序擠出整齊排列約直徑 6公分的圓型麵糊（圖⓬）。

16 取出冰硬的波蘿皮切薄片，放在泡芙麵糊上（圖⓭），接著移入預熱200℃的烤箱烤約20分鐘，或至泡芙膨脹波蘿皮表面金黃，烤箱上火關掉或以錫箔紙、烤焙紙覆蓋泡芙，下火溫度調降至150℃續烤約20分鐘或至泡芙烤至乾爽，即可出爐。

組合Mix

17 泡芙放涼，橫切對半不切斷（圖⓮），或從泡芙底部中心鑽約1公分小孔（圖⓯），將抹茶卡士達鮮奶油餡填裝入已放圓孔花嘴的擠花袋中，擠入泡芙中空處即完成（圖⓰）。

抹茶水果沙巴翁盒

沙巴翁是源自義大利的一種甜品醬汁，由蛋黃、砂糖和酒熬煮而成，風味醇厚，通常搭配水果做成各式各樣的點心，和抹茶也很match。

Matcha Sabayon with Fruit

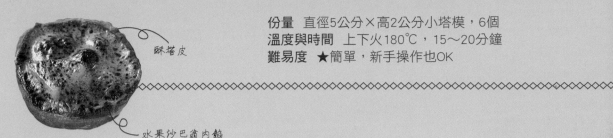

酥塔皮

水果沙巴翁內餡

份量　直徑5公分×高2公分小塔模，6個
溫度與時間　上下火180℃，15～20分鐘
難易度　★簡單，新手操作也OK

材料 Ingredients

塔皮

抹茶酥塔皮	200克

抹茶沙巴翁

蛋黃	20克（約1個）
細砂糖	20克
水	20 c.c.
梅酒	20 c.c.
抹茶粉	1/2小匙

水果內餡

奇異果	1顆
草莓	2顆
芒果丁	適量
莓果	適量

Chef Tips! 小提醒

1. 做法3烤酥塔皮時，因為塔殼比較小，所以不需放入重石烘烤。

2. 做法4中完成的沙巴翁可立即溫熱食用。若想冷藏食用，可取1/4吉利丁片浸冰水泡軟後，趁沙巴翁還熱著，加入瀝乾水分的吉力丁片融化攪拌均勻，再放入冷藏冰鎮。

做法 How To Do

製作抹茶酥塔皮
Matcha Pastry

1 參考P69製作抹茶酥塔皮。

2 取200克酥塔皮麵團，擀開成約0.2公分麵皮。

3 取直徑8公分的環形圈壓出6個圓麵皮，將麵皮分別移置小塔模上，輕壓貼合於模型並裁修多餘麵皮，再以叉子在底部刺些小孔，放入預熱180℃的烤箱烤約15分鐘，或至塔皮呈微金黃酥脆，即可取出放涼備用。

製作抹茶沙巴翁
Matcha Sabayon

4 準備一個煮鍋，加入半鍋的水，加熱至35～40℃，將蛋黃、細砂糖、水、梅酒和抹茶粉加入攪拌盆後放在煮鍋上，以小火隔水加熱攪拌約10分鐘，使混合物顏色轉淡、蓬鬆綿密。過程中底部煮鍋的水溫不可超過90℃煮沸，可適時熄火，以免混合物凝結，即成沙巴翁。

製作水果餡Fruits

5 奇異果去皮後切小塊，草莓去除蒂頭後切小塊。

組合Mix

6 將綜合水果塊排放於酥塔皮中，倒入沙巴翁後，以噴燈將表面炙燒上色即可。

Matcha Hot Chocolate with Churros

抹茶熱巧克力佐西班牙油條

寒冷的冬天夜晚，捧著一杯暖呼呼的抹茶熱巧克
力，搭配西班牙油條當消夜，白天的煩擾似乎也
隨著甜點的撫慰煙消雲散了。

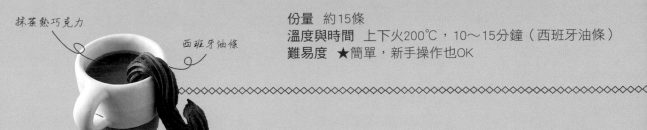

抹茶熱巧克力

西班牙油條

份量　約15條
溫度與時間　上下火200℃，10～15分鐘（西班牙油條）
難易度　★簡單，新手操作也OK

材料 Ingredients

西班牙油條

水	200 c.c
細砂糖	40克
鹽	1/4小匙
橄欖油	40 c.c.
低筋麵粉	140克
抹茶粉	10克（約2大匙）
全蛋	100克（約2個）
沾裹用糖粉	2大匙
沾裹用抹茶粉	1小匙

抹茶熱巧克力

玉米粉	1大匙
牛奶	500 c.c
苦甜巧克力	100克
抹茶粉	5克（約1大匙）
細砂糖	10克

Chef Tips! 小提醒

1. 西班牙油條麵糊的做法，可參考P98泡芙的麵糊製作。
2. 一般傳統的西班牙油條是以油炸製作，這個版本特別使用較健康清爽的烘烤方式，若想吃到傳統更酥脆的口感，還是可以改成油炸製作。

做法 How To Do

製作西班牙油條Churros

1 低筋麵粉和抹茶粉混合過篩，放於攪拌盆中。

2 水、細砂糖、鹽、橄欖油放入鍋中以中小火加熱，離火。

3 將做法1倒入做法2中，繼續攪拌至麵糊光滑且不沾黏鍋壁。

4 將麵糊移置攪拌缸中稍降溫後（約5、60℃稍燙手的溫度），分次加入蛋攪拌均勻，若麵糊太乾稠，可另多取1個蛋打散，加入適量蛋液至麵糊沾黏刮刀的形狀呈倒三角形即可。

5 將麵糊填裝入已放星口花嘴的擠花袋中，在鋪有烘焙紙的烤盤上擠出約7公分長條。

6 送入預熱200℃的烤箱，烤約10～15分鐘至金黃酥脆即可出爐。

7 將沾裹用糖粉和抹茶粉混合，均勻沾裹在放涼的油條上。

製作抹茶熱巧克力
Matcha Chocolate

8 將玉米粉和2大匙（約30c.c.）的牛奶拌勻，巧克力切碎備用。

9 將剩餘的牛奶和巧克力放入鍋中，以小火加熱至溫熱，從中取出2大匙溫巧克力牛奶和玉米粉牛奶糊攪拌均勻，再倒回鍋中繼續加熱至沸騰前熄火。

10 放入抹茶粉和細砂糖攪拌均勻，即可搭配西班牙油條享用。

飲品·
涼點篇

Drink · Cold Dessert

抹茶自古以來就是健康養生的東方飲品，
有悠久的茶道文化。把它拿來和果汁、
牛奶或其他西方食材作搭配，
意外地碰撞出許多令人驚喜的火花。

奇異果椰奶優格

這道奇異果與優格的完美組合，帶著椰奶
與抹茶的清香，讓你在生活緊張之餘，也
能注意體內環保，使身心更舒暢。

Kiwifruit Coconut
Milk Yogurt

奇異果

椰奶優格

份量 2杯
難易度 ★簡單，新手操作也OK

材料 Ingredients

奇異果	2顆
抹茶粉	3.3克（約2小匙）
椰奶	250 c.c.
無糖優格	130克
蜂蜜	2大匙
冰塊	1杯

Chef Tips! 小提醒

抹茶粉可先以少許溫水調開，
再加入椰奶拌勻，這樣可以減
少抹茶粉顆粒產生。

做法 How To Do

處理奇異果Kiwifruit

1 奇異果去皮切塊。

攪打Blend

2 抹茶粉和椰奶攪拌均勻。

3 將做法**2**和優格、蜂蜜、冰塊放入果汁機中攪打均勻。

4 留幾塊奇異果不要攪打，其他奇異果加入攪打均勻，最後再放上剩餘的奇異果即可。

抹茶鮮奶油

焦糖杏仁碎

抹茶杏仁奶茶

咖啡廳menu裡才會出現的花式飲品，你也可以在家自己做。創意無極限、用料更多元。這道抹茶杏仁奶茶你覺得如何？

份量 2杯
難易度 ★簡單，新手操作也OK

材料 Ingredients

抹茶鮮奶油

抹茶粉	1小匙
溫水	15c.c.
鮮奶油	500克
糖粉	30克

奶茶

抹茶粉	5克（約1大匙）
白巧克力	60克
牛奶	450 c.c.
杏仁粉	15克
焦糖杏仁碎	適量

Chef Tips!
小提醒

焦糖杏仁碎做法參考P121。

做法 How To Do

製作抹茶鮮奶油
Matcha Cream

1 抹茶粉過篩後和溫水攪拌均勻。

2 加入鮮奶油、糖粉打發，放冷藏備用。

製作奶茶Milk Tea

3 抹茶粉加入切碎的白巧克力混合均勻。

4 牛奶以中小火煮至沸騰前熄火，加入杏仁粉攪拌均勻。

5 將做法4倒入做法3中攪拌均勻，使白巧克力融化。

組合Mix

6 將奶茶倒入杯中，擠上抹茶鮮奶油，再撒上焦糖杏仁碎即可。

抹茶冰淇淋蘇打

天氣熱的時候，來杯冰淇淋蘇打涼爽又
解饞。用抹茶糖漿打底，倒入柳橙氣泡
水，再放一球冰淇淋，雞尾酒級的冰飲
完成！*Matcha Ice Cream Soda*

蘇打汁

冰淇淋

份量 2杯
難易度 ★簡單，新手操作也OK

做法 How To Do

製作抹茶糖漿Matcha Syrup

1 細砂糖和水以中小火煮開至糖完全溶化，離火放涼。

2 抹茶粉和冷開水攪拌至無顆粒，加入已降溫約60℃的做法1中攪拌均勻，即可放涼備用。

組合Mix

3 取一個裝約8分滿冰塊的玻璃杯，先沿著杯壁緩緩倒入1大匙抹茶糖漿，接著將柳橙汁和氣泡水混合後，一樣緩緩倒入。

4 最後放上一球抹茶或香草口味的冰淇淋即可。

材料 Ingredients

冰塊	2杯
抹茶糖漿	2大匙
柳橙汁	200 c.c.
無糖氣泡水	200 c.c.
市售抹茶或香草冰淇淋2球	

抹茶糖漿

細砂糖	110克
水	125 c.c.
抹茶粉	5克（約1大匙）
冷開水	45c.c.

Chef Tips! 小提醒

完成的抹茶糖漿可以放冰箱冷藏，保存約1星期。

抹茶椰子凍薄荷薑茶

想像著抹茶椰子凍和透明冰塊在茶裡快速地旋
轉，冰塊撞擊玻璃杯發出「喀喀」的聲響……
豔陽高照的夏天不知不覺中清涼了起來。

Matcha Coconut
Mint Ginger Tea

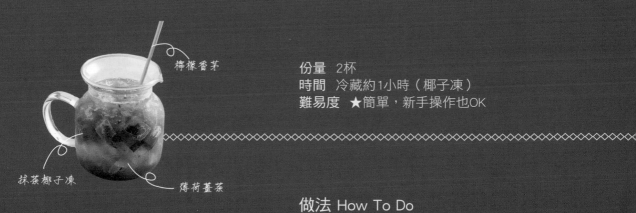

檸檬香茅

抹茶椰子凍

薄荷薑茶

份量　2杯
時間　冷藏約1小時（椰子凍）
難易度　★簡單，新手操作也OK

材料 Ingredients

抹茶椰子凍
吉利丁	7.5克（約3片）
椰子汁	300克
細砂糖	15克
抹茶粉	1小匙

黑糖蜜
黑糖	80克
水	70 c.c.
麥芽糖	40克
蜂蜜	15克

薄荷薑茶
老薑	2～3公分
新鮮薄荷葉	2片
水	500 c.c.
檸檬汁	15c.c.
冰塊	適量

裝飾
檸檬香茅	適量

Chef Tips! 小提醒

若無檸檬香茅，也可使用新鮮薄荷葉或其他香草裝飾。

做法 How To Do

製作抹茶椰子凍
Matcha Coconut Jelly

1 吉利丁先浸冰水泡軟，將椰子汁和細砂糖加熱至60～70℃後，加入瀝乾水分的吉利丁攪拌溶化，再將抹茶粉過篩加入攪拌均勻，即成果凍液。

2 將果凍液倒入寬底容器中（冷卻凝結較快），放入冷藏約1小時至果凍變硬，取出切成1.5公分丁狀備用。

製作黑糖蜜
Brown Sugar Syrup

3 將黑糖、水、麥芽糖一起煮開至糖溶化，待稍涼後加入蜂蜜拌勻即可，放涼後可冷藏保存1星期。

製作薄荷薑茶
Mint Ginger Tea

4 薑去皮切薄片，和薄荷葉、水以小火煮開後，繼續悶煮10分鐘熄火。

5 將湯汁過濾後，和檸檬汁倒入裝滿冰塊的雪克杯搖均勻，再將冰涼湯汁倒入玻璃杯中，加入適量冰塊與抹茶椰子凍，淋上黑糖蜜。

裝飾Deco

6 裝飾新鮮檸檬香茅即可。

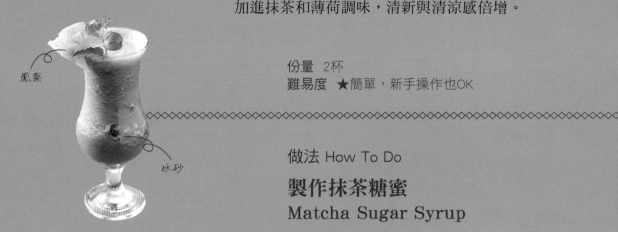

Matcha Mint pineapple Smoothie

抹茶薄荷鳳梨冰砂

日頭赤燄燄的夏天，最適合喝冰砂消暑了。鳳梨的香氣濃烈、甜度也非常高，是做冰砂的首選。加進抹茶和薄荷調味，清新與清涼感倍增。

份量　2杯
難易度　★簡單，新手操作也OK

鳳梨

冰砂

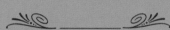

材料 Ingredients

抹茶糖蜜
抹茶粉	10克（約2大匙）
冷開水	100 c.c.
細砂糖	100克

冰砂
抹茶粉	1小匙
溫開水	1大匙
鳳梨果肉	300克
冰塊	2杯
新鮮薄荷葉	1大匙
抹茶糖蜜	2大匙

做法 How To Do

製作抹茶糖蜜 Matcha Sugar Syrup

1 過篩抹茶粉加入冷開水拌勻。

2 加入細砂糖攪拌至糖完全溶化，放入冷藏可保存1星期。

製作冰砂 Smoothie

3 抹茶粉放入溫開水拌勻調開。

4 鳳梨果肉切塊，薄荷葉清洗備用。

5 將所有材料加入果汁機中攪打成綿密冰砂即可。

Chef Tips!
小提醒

抹茶糖蜜還可以搭配刨冰、冰淇淋等食用。

抹茶總匯聖代

以抹茶乳酪奶油做基底，佐以五花八門的餅乾、奶酪、新鮮水果，就成了熱鬧精彩的總匯聖代，是一道撫慰人心超療癒的甜點。

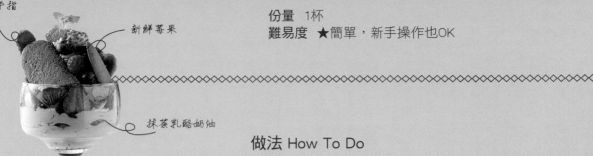

抹茶手指餅乾

新鮮莓果

抹茶乳酪奶油

材料 Ingredients

抹茶糖水

抹茶糖蜜	50克
冷開水	50c.c.
梅酒	1小匙

抹茶乳酪奶油

瑪斯卡彭乳酪	100克
抹茶香堤鮮奶油	200克

其他

抹茶糖蜜	2大匙
抹茶手指餅乾	3個
抹茶風味貓舌餅乾	
抹茶豆漿奶酪	1個
紅豆泥	1大匙
蜜紅豆粒	1大匙
新鮮草莓、藍莓、奇異果	適量
各式餅乾	適量

小提醒

這一道聖代可隨意放上自己喜歡的水果和餅乾等配料，每次都能品嘗不同風味。

做法 How To Do

製作抹茶糖水
Matcha Sugar Water

1 抹茶糖蜜做法參考P115。將抹茶糖蜜和冷開水、梅酒拌勻即可。

製作抹茶乳酪奶油
Matcha Cheese Cream

2 將瑪斯卡彭乳酪拌軟，再加入抹茶香堤鮮奶油（做法參考P23）混合均勻，可視甜度酌加些抹茶糖蜜，即完成抹茶乳酪奶油。

製作其他填料
Other Ingredients

3 抹茶手指餅乾做法參考P84；抹茶風味貓舌餅乾做法參考P79；抹茶豆漿奶酪做法參考P121。

組合Mix

4 取玻璃杯，先擠入約1/4～1/3杯量的抹茶乳酪奶油，放上手指餅乾，刷上些抹茶糖水，再擠上少量抹茶奶油乳酪，置中放上奶酪和紅豆，再於奶酪四周擠滿抹茶乳酪奶油，接著往上擠拉成螺旋霜淇淋狀。

5 最後排上草莓、水果、貓舌餅乾即可。

說到抹茶，就想到日本傳統的刨冰宇治
金時——蜜紅豆與抹茶刨冰的組合。搭
配紅、綠、白三種顏色的糯米丸子，就
成了這道人氣日式甜品。

三色丸子冰 Ice Dango Dessert

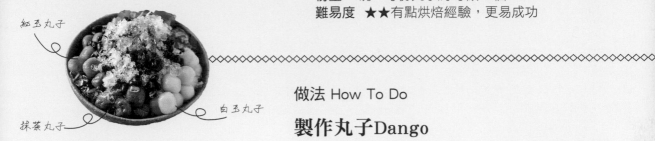

紅玉丸子

抹茶丸子

白玉丸子

材料 Ingredients

抹茶丸子

糯米粉	30克
抹茶粉	1小匙
水	30c.c.

白玉丸子

糯米粉	33克
水	30c.c.

紅玉丸子

糯米粉	33克
甜菜根煮汁	15c.c.
水	15c.c.

其他

碎冰	4碗
抹茶椰子凍	1杯
蜜紅豆粒	1/2杯
抹茶糖蜜	適量
煉乳	適量

做法 How To Do

製作丸子Dango

1 將糯米粉和抹茶粉混合過篩於攪拌盆中，將水緩緩加入，同時以手指混合糯米粉成團（圖❶），揉整粉團至如耳垂般柔軟（圖❷）即可用保鮮膜覆蓋備用。

2 白玉、紅玉丸子做法相同，將完成的糯米團分切整形成1.5公分的丸子（圖❸），放入煮開的淡鹽水煮約1分鐘，待丸子浮起，撈起浸泡於冰水中冰鎮。

製作椰子凍和糖蜜
Coconut Jelly and Sugar Syrup

3 抹茶椰子凍做法參考P113，然後切小塊。

4 抹茶糖蜜做法參考P115。

組合Mix

5 將碎冰鋪滿於碗中，分別排放上三色丸子、抹茶椰子凍、蜜紅豆粒，最後淋上抹茶糖蜜和煉乳，盡快享用。

Chef Tips! 小提醒

1. 取適量甜菜根去皮切塊加水燉煮，即可取得紅色湯汁，或是使用酸酸的洛神花湯汁，但製作丸子時可加些糖粉平衡酸味。

2. 煮丸子時先煮白玉丸子，再分別煮其他顏色丸子，以免互相染色。

圖❶

圖❷

圖❸

抹茶豆漿奶酪

不用牛奶做的抹茶豆漿奶酪，彷彿是豆
花、茶凍與奶酪的混和體，綠色Q彈的
外型讓人想馬上挖一口；也很適合當作
學生放學後的點心。

*Matcha Soy
Milk Panna Cotta*

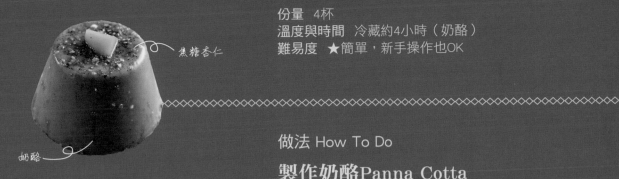

焦糖杏仁

奶酪

材料 Ingredients

奶酪

白巧克力	140克
吉利丁	7.5克（約3片）
無糖豆漿	460 c.c.
細砂糖	40克
香草莢	1/2支
抹茶粉	5克（約1大匙）

焦糖杏仁

細砂糖	150克
水	15c.c.（約1大匙）
熟杏仁	100克

Chef Tips! 小提醒

1. 若使用有糖豆漿可減少或省略細砂糖，當然也可使用牛奶，或混搭鮮奶油製作。
2. 焦糖杏仁碎既可撒於奶酪或糕點上，可裝飾，又可增加脆甜口感。

做法 How To Do

製作奶酪Panna Cotta

1 白巧克力切碎備用，吉利丁浸於冰水泡軟備用。

2 香草莢剖開取出香草籽，連同豆莢和豆漿、細砂糖以中小火煮開後熄火，置旁10分鐘，讓香草味道釋放。

3 將做法**2**加入白巧克力靜置1分鐘後，攪拌至巧克力融化、質感光滑。

4 將過篩的抹茶粉加入做法**3**中混合均勻，最後加入濾乾水分的吉利丁，攪拌均勻成奶酪液即可。

5 將奶酪液分裝於模型中，移入冷藏約4小時，等待凝結冰鎮，再取出。

製作焦糖杏仁Caramel Almond

6 細砂糖放入厚底煮鍋，加入水以中小火煮至糖溶，過程中不要攪拌，可輕搖鍋子，繼續以小火煮成琥珀色焦糖即可熄火。

7 加入略切的熟杏仁，和焦糖拌勻，倒入塗軟化奶油（份量外）的烤盤或不沾矽膠墊，置旁放涼。

8 將放涼變硬的焦糖杏仁放入食物處理機中打碎。

裝飾Deco

9 取出奶酪杯，倒扣脫模，撒上焦糖杏仁碎，放上裝飾即可。

Matcha Raspberry Plum Wine Jelly

抹茶梅酒覆盆莓凍

酸甜微醺的抹茶梅酒凍是節慶聚餐後最希望吃到的甜品，裡面的脆梅和覆盆莓可以去油解膩，消除大魚大肉帶來的負擔感。

份量　4杯
時間　冷藏約80分鐘（分成兩段）
難易度　★簡單，新手操作也OK

覆盆莓和脆梅

果凍

材料 Ingredients

細砂糖	80克
果凍粉或吉利丁粉	10克
熱開水	350 c.c.
抹茶粉	1小匙
梅酒	175 c.c.
檸檬汁	10c.c.
脆梅	4個
覆盆莓	16個

做法 How To Do

製作果凍液Jelly

1 細砂糖和果凍粉混合均勻，加入熱開水攪拌均勻。

2 抹茶粉過篩後加入梅酒中攪拌均勻，再和做法1混合均勻。

3 加入檸檬汁即完成果凍液。

組合＆冷藏Mix&Refrigerate

4 將脆梅、覆盆莓放入容器中約1/3高度，倒入稍涼的果凍液淹過，放入冷藏約20分鐘至果凍已凝結但仍有彈性。

5 取出冷藏的果凍後再放適量脆梅、覆盆莓，倒入剩餘果凍液至8分滿，移回冷藏繼續冰約60分鐘至完全凝結，脫模倒扣小心取出即可。

Chef Tips! 小提醒

1. 將果凍粉或吉利丁粉先和細砂糖混合拌勻，再加入液體之中，可以避免粉類結小塊。
2. 果凍粉製作出來的成品，口感較柔軟。

國家圖書館出版品預行編目

人人都喜歡的抹茶風味點心：開店販售、居家烘焙都適合
的蛋糕、慕斯、塔派、餅乾和飲品、涼點／金一鳴著．
-- 初版 . -- 臺北市：朱雀文化 , 2018.02
面；公分 -- (Cook50；171)
ISBN 978-986-95344-9-9（平裝）
1. 點心食譜
427.16

Cook50171

人人都喜歡的抹茶風味點心

開店販售、居家烘焙都適合的蛋糕、慕斯、塔派、餅乾和飲品、涼點

作者	金一鳴
攝影	徐榕志
封面	許維玲
內文版型	鄭雅惠
編輯	貢舒瑜
校對	彭文怡
行銷	石欣平
企畫統籌	李橘
總編輯	莫少閒
出版者	朱雀文化事業有限公司
地址	台北市基隆路二段 13-1 號 3 樓
電話	02-2345-3868
傳真	02-2345-3828
劃撥帳號	19234566 朱雀文化事業有限公司
e-mail	redbook@ms26.hinet.net
網址	http://redbook.com.tw
總經銷	大和書報圖書股份有限公司 （02）8990-2588
ISBN	978-986-95344-9-9
初版一刷	2018.02
定價	360 元
出版登記	北市業字第 1403 號

About 買書：

●朱雀文化圖書在北中南各書店及誠品、金石堂、何嘉仁等連鎖書店均有販售，如欲購買本公司圖書，建議你直接詢問書店店員。如果書店已售完，請撥本公司電話（02）2345-3868。

●●至朱雀文化網站購書（http://redbook.com.tw），可享 85 折起優惠。

●●●至郵局劃撥（戶名：朱雀文化事業有限公司，帳號 19234566），掛號寄書不加郵資，4 本以下無折扣，5～9 本 85 折，10 本以上 9 折優惠。

Matcha Dessert Recipe & Technique & Ganache & Sauce & Deco & Matcha Dessert Recipe & Technique & Ganache &

Matcha Dessert Recipe & Technique & Ganache & Sauce & Deco & Matcha Dessert Recipe & Technique & Ganache & Sauce & Deco & Matcha Dessert Recipe & Technique & Ganache & Sauce & Deco & Matcha Dessert Recipe & Technique & Ganache & Sauce & Deco & Matcha Dessert Recipe & Technique & Ganache & Sauce & Deco & Matcha Dessert Recipe & Technique & Ganache & Sauce & Deco & Matcha Dessert Recipe & Technique & Ganache & Sauce & Deco & Matcha Dessert Recipe & Technique & Ganache & Sauce & Deco & Matcha Dessert Recipe & Technique & Ganache & Sauce & Deco & Matcha Dessert Recipe & Technique & Ganache & Sauce & Deco & Matcha Dessert Recipe & Technique & Ganache & Sauce & Deco & Matcha Dessert Recipe & Technique & Ganache & Sauce & Deco & Matcha Dessert Recipe & Technique & Ganache & Sauce & Deco & Matcha Dessert Recipe & Technique & Ganache & Sauce & Deco & Matcha Dessert Recipe & Technique & Ganache & Sauce & Deco & Matcha Dessert Recipe & Technique & Ganache & Sauce & Deco & Matcha Dessert Recipe & Technique & Ganache & Sauce & Deco & Matcha Dessert Recipe & Technique & Ganache & Sauce & Deco & Matcha Dessert Recipe & Technique & Ganache & Sauce & Deco & Matcha Dessert Recipe & Technique & Ganache